The Design of Coffee

커피의 디자인
한 잔의 공학

The Design of Coffee

커피의 디자인

한 잔의 공학

윌리엄 리스텐파트 & 토냐 쿨 저
최규환 & 임경민 역

씨아이알

감사의 말

이 책의 집필을 열정적으로 지원해 주신 스페셜티 커피협회Specialty Coffee Association, SCA와 바라짜사Baratza LLC, 로저스 패밀리 커피Rogers Family Coffee, 토니스 커피Tony's Coffee, 미쉬카스 커피Mishka's Coffee, 초콜릿 피쉬 커피Chocolate Fish Coffee, 칼리타Kalita USA, 번오매틱사Bunn-o-Matic Corporation, 피츠 커피 앤 티Peet's Coffee and Tea, 크롭스터Cropster, 폴저스 커피Folger's Coffee 등 개인과 단체들에 감사드립니다. 특히 쉐브론사Chevron Corporation의 넉넉한 재정 지원에 감사드립니다. 졸업생 존 왓슨John Wasson과 그의 아내 지나Gina, 그리고 2015년 커피 랩Coffee Lab의 리노베이션을 지원해 준 U.C. 데이비스University of California Davis 공과대학의 도움에 감사드립니다. 커피업계에서 큰 도움을 주신 분들이 많지만, 특히 더그 웰시Doug Welsh, 필 멀론Phil Malone, 피츠 커피의 로만 본다렌코Roman Bondarenko, 렉킹볼 커피Wrecking Ball Coffee의 니콜라스 초Nicholas Cho, 피터 줄리아노Peter Giuliano(스페셜티 커피협회)에게 감사드립니다.

U.C. 데이비스에서 일찍부터 커피 랩을 훌륭하게 관리해 주었을 뿐만 아니라 이전 판에 대한 사려 깊은 조언, 제안, 비판적 검토를 해준 빌 도링Bill Doering 박사에게 감사드립니다. 또한 우리는 케이틀린 존슨Kaitlin Johnson, 그레이스 매클린톡Grace McClintock, 시바 무랄리Shiva Murali, 라이언 에드먼즈Ryan Edmonds, 아나 아코스타Ana Acosta를 포함한 훌륭한 수석 조교들과 함께 일할 수 있는 축복을 받았습니다. U.C. 데이비스 교육 효과 센터U.C. Davis Center for Educational Effectiveness의 훌륭한 지원으로 우리는 이 책의 하이브리드 형태를 형성할 수 있었습니다. 특히 뛰어난 조언과 제안을 해준 세실리아 고메즈Cecilia Gomez와 마크 윌슨Mark Wilson에게 감사드립니다. 프로바트 로스팅 펠로우십Probat Roasting Fellowship 줄리엣 한Juliet Han의 전문 지식과 연구실 관리자로서의 헌신과 이번 판에 대한 세심한 검토에 감사드립니다. 마찬가지로 이번 판의 새로운 용어집 초안을 작성하고 아름다운 표지 사진을 촬영해 준 제시 리앙Jessie Liang에게도 감사드립니다.

또한 감각과 소비자 과학에 대해 많은 것을 가르쳐 주신 동료 장 하비어 기나드

Jean-Xavier Guinard 교수에게도 감사드립니다. 이번 판에 수록된 새로운 추출 제어 도표 Brewing control chart는 프로스트 등Frost et al. (2020)과 바탈리 등Batali et al. (2020)이 보고한 복잡한 감각적 경향을 요약한 것입니다. 이 도표의 구성과 관련하여 유용한 토론을 해준 기나드 교수와 매켄지 바탈리Mackenzie Batali 박사에게 감사드립니다. 브레빌사Breville Corporation와 토디사Toddy LLC의 감리 과정과 커피 과학 재단을 통해 제공되는 연구 자금은 U.C. 데이비스 커피 센터가 커피에 대한 근본적인 이해를 향상시키는 데 중요한 역할을 했습니다.

이 책의 집필은 U.C. 데이비스 커피 센터의 개발과 동시에 이루어졌습니다. 이 일은 커피업계의 미래 지향적인 개인과 단체들의 아낌없는 지원으로 가능할 수 있었습니다. 우리는 더그 웰시와 피츠 커피 앤 티(파일럿 로스터리 지원), 켄트 바케Kent Bakke와 라 마르조코La Marzocco(추출 및 에스프레소 실험실 지원), 윔 어빙Wim Abbing과 프로바트(프로바트 로스팅 펠로우십과 로스터리 장비 지원), 리조 로페즈 푸드Rizo-Lopez Foods의 에드윈 리조Edwin Rizo와 벤카페Bencafe(생두 저장 실험실 지원), 짐 트라우트Jim Trout와 폴저스 커피(분석 실험실 제공), 줄리아 리치Julia Leach와 토디사(혁신 실험실 제공), 조 벰Joe Behm과 베모어사Behmor Co.(오피스 공간 지원), 패트릭Patrick과 브랜트 커티스Brant Curtis(야외 공간 지원), 존과 지나 왓슨(커피 교실 지원), 멜린드 존Melind John과 조수마 커피Josuma Coffee의 스테프 추Steph Chu(회의 공간 지원), 팀 스티친스키Tim Styczynski와 브리지 커피Bridge Coffee (커피 센터로의 다리 역할), 팸 페어Pam Fair와 글렌 설리번Glen Sullivan(버팀목 역할), 그리고 빌 머레이Bill Murray, 마이크Mike와 조디 코피Jody Coffey, 메리 산토스Mery Santos, 모하메드 몰레디나Mohamed Moledina를 포함한 많은 기부자의 리더십과 아낌없는 지원에 감사드립니다.

무엇보다도 커피의 디자인을 수강하고 실험실 개선 방법에 도움을 준 많은 학생들에게 감사합니다. 이 프로젝트는 여러분이 없다면 가능하지 않았을 것입니다.

한국의 독자들에게

 2012년에 처음으로 '커피 디자인' 수업을 개설했을 때, 전 세계적인 관심을 받게 될 것을 전혀 상상하지 못했습니다. 이러한 관심은 커피의 세계적인 중요성을 증명하는 동시에 사람들이 커피에 얼마나 열광하는지를 보여 줍니다. 그리고 한국은 단연코 세계에서 가장 커피에 열정적인 나라입니다. 한국에 처음 방문했을 때, 우리 두 사람은 높은 수준의 커피를 제공하는 수많은 커피 전문점에 깜짝 놀랐고 즐거웠습니다. 뿐만 아니라 열정적으로 커피에 대해 과학적으로 생각한다는 사실에 감동받았습니다.

 그래서 우리는 최규환을 통해 이 책의 번역을 제안 받았을 때 대단히 기뻤습니다. 최규환과 그의 동료 임경민 박사는 영어 자료를 한국어로 번역하는 데 최선을 다해 주었습니다. 우리는 이 한국어판을 도서출판 씨아이알과 함께 작업하게 된 것도 기쁘게 생각합니다. 우리가 이 책을 집필하면서 즐거웠던 것만큼, 독자 여러분도 이 책으로 즐겁게 배우시길 소망합니다.

2023년 여름,
캘리포니아 데이비스에서
윌리엄 리스텐파트William Ristenpart & 토냐 쿨Tonya Kuhl

옮긴이의 말

현재 대한민국은 커피 공화국으로 불릴 만큼 수많은 카페가 있으며, 다양한 커피 관련 상품이 출시되고 있습니다. 이러한 커피 소비 증가에 따라 많은 사람이 커피에 대한 전문성을 갖추고자 하는 추세입니다. 일부 사람들은 원하는 원두를 선택하고 로스팅 정도를 고려할 뿐만 아니라, 원두를 직접 갈고 선호하는 추출 방식, 필터 종류, 물의 온도, 추출 속도 등을 조절하여 최상의 커피를 만들기 위해 노력하고 있습니다.

이렇게 커피에 대해 더 탐구하고자 하는 사람들조차도, 자신이 수행하는 과정이 공학과 관련이 있음을 알아차리기는 어렵습니다. 우리는 커피에 대해 조금 더 공학적으로 접근해 보고자 하는 사람부터 커피를 통해 공학을 배워 보고자 하는 사람에 이르기까지 모두가 읽어 볼 수 있도록 이 책을 번역했습니다. 이 책은 커피를 만드는 과정을 통해 공학이 평범한 일상 속에 녹아 있다는 것을 알려 줄 뿐만 아니라 '어쩌면 그리 어렵지 않을 수도 있겠다'라는 생각을 하게 해줍니다. 이 책을 읽는 모든 독자들이 저마다 최고의 커피를 만드는 과정을 공학적인 방법으로 디자인(설계)하게 되어 커피와 공학 모두를 좋아하게 되었으면 하는 희망을 가져 봅니다.

이 책은 화학공학 학부생들을 위해 집필되었지만 쉬운 실험들로 구성되어 있기에 선생님의 적절한 지도가 있다면, 중고등학교에서도 충분히 사용할 수 있습니다. 쉬운 실험이면서도 중요한 공학적 내용들을 포함하고 있어 대단히 좋은 실험교재라고 생각합니다.

이 책의 번역을 흔쾌히 허락해 주신 U.C. 데이비스의 윌리엄 리스텐파트와 토냐 쿨 교수님께 가장 먼저 감사를 드립니다. 또 U.C. 데이비스에 이렇게 좋은 책과 강의가 있음을 알려 준 연구실 동료 사칫 나겔라Sachit Nagella와 커피에 대한 공학적인 질문을 해주신 재즈피넛 사장님께도 감사드립니다.

2024년 10월

최규환 그리고 임경민

머리말

　이 책은 U.C. 데이비스에서 개설된 실험 실습 위주의 과학/공학 교양 과목인 '커피의 디자인'에서 사용하기 위해 집필한 것이다. 특히 이 수업은 커피를 로스팅하고 추출하는 과정을 통해 화학공학을 비수학적으로 소개하는 역할을 하고 있으며, 매주 2시간씩 화학공학의 주요 원리를 설명하는 실험수업을 진행한다. 학생들은 이 책을 통해 커피를 직접 로스팅하고 추출하는 과정을 실험하면서 물질 수지, 화학반응 속도론, 물질전달, 에너지 보존, 유체역학, 콜로이드 그리고 경제성 공학에 대해 배우게 된다. 수업이 끝날 무렵에는 최소한의 에너지로 맛 좋은 커피를 만들어 겨루는 디자인 콘테스트를 여는데, 이것은 공학의 최적화 문제이지만 일반인들도 거리낌없이 재미있게 참여할 수 있다.

　'커피의 디자인'은 본래 과학/공학 교양 수업을 이수해야 하는 비이공계 전공자를 대상으로 한 것이었다. 그러나 지난 몇 년간 더 많은 대중이 늘상 소비하는 음료에 대해 더 과학적으로 생각하는 법을 배우고 싶어 한다는 것을 알게 되었다. 비록 이 책은 '커피의 디자인' 수강생들을 위해 집필되었지만, 여기에 수록되어 있는 자료와 실험들은 커피에 대해 더 배우고 싶거나 공학자처럼 사고하는 방법에 관심이 있는 사람들도 사용 가능할 것이다.

　이러한 이유로 우리는 이 책의 자료들을 가능한 직접 도출해냈다. 대학생 이상이라면 여기에 설명한 실험들을 미적분학이나 화학에 대한 배경지식 없이도 수행할 수 있다. 무엇보다도 열풍 팝콘 로스터나 드립 커피 추출기 그리고 생두 등의 필수적인 장비와 물품들 대부분이 비싸지 않아서 쉽게 구입할 수 있다. 즉 이 책에 설명한 모든 실험은 싱크대와 전기 사용이 가능한 곳이면 어디에서나 수행할 수 있다.

　새롭게 개정된 3판은 물의 화학, 압력에 의한 흐름, 콜로이드 과학, 에스프레소의 점도, 그리고 경제성 공학까지 새로운 실험을 다수 추가해 깊이를 더했다. 새로 추가된 실험들은 학기제 수업이나 커피 과학과 관련된 더 많은 콘텐츠를 원하는 이들에게 도움이 될 것이다. 이것을 위해 각 실험의 말미에 커피 과학의 다양한 측면을 탐구할 수 있는 요소들을 많이 추가했다.

지난 5년간 커피에 대한 과학적인 연구는 폭발적으로 증가했다. 따라서 우리도 새로운 연구 결과들을 추가하고 반영하였다. 가장 중요한 것은 1950년대에 작성된 '커피 추출 제어 도표'가 U.C. 데이비스 커피 센터에서 2020~2021년에 발표한 결과물을 반영하여 새롭게 교체되었다는 것이다. 이 새로운 도표는 주요 추출변수가 다양한 풍미에 어떤 변화를 가져오는지 정리해 놓은 것이다. 이것은 학생들이 여기서 배운 과학적 원리들을 적용하여 이상적인 커피를 설계(디자인)할 수 있도록 이끌어 주는 강력한 도구가 될 것이다.

이전 두 판과 마찬가지로 이 안내서는 우리가 제시한 수많은 질문에 답을 제공하지는 않는다. 이는 학생들로 하여금 그저 답을 읽기보다 스스로 물리·화학적 공정에 기반한 실험을 수행해 보고 과학적인 방법으로 생각하며 탐구하게 하려는 것이다. 독자들이 공학자처럼 생각하는 법을 이해하여 탁월한 커피 제조 방법을 배울 수 있게 돕는 것이 바로 우리의 목표이다.

2021년 여름
캘리포니아 데이비스에서
윌리엄 리스텐파트 & 토냐 쿨

차례

Part 3 커피 디자인하기

Part1

개요

왜 화학공학인가?

한 잔의 커피

매일 아침 수많은 사람들이 잠에서 깨어 비슷한 의식을 수행한다. 그들은 아마도 졸린 눈으로 비틀거리며 주방에 있는 커피 추출기 앞으로 향할 것이다. 그리고 일련의 숙달된 과정을 수행한다. 유리병에 찬물을 채우고 수조에 물을 부은 뒤, 거름

종이를 플라스틱 바구니에 펼쳐 넣는다. 그리고 갈색 가루를 한 수저 떠서 거름종이 안에 넣은 뒤 커피 추출기의 전원을 켠다. 거름종이 대신 재사용이 가능한 금속 거름망을 사용하는 사람들도 있고, 원두를 구입해서 직접 갈거나 더 비싼 캡슐 머신을 사용하는 사람들도 있을 것이다. 세부적인 과정이 어찌 되었든 커피 추출기는 금세 그르렁거리며 약간의 수증기를 내뿜으면서 황홀한 향으로 공간을 채운다. 마침내 사람들은 검은색 액체를 잔으로 옮겨 따른다.

그러나 커피 한 모금을 여유롭게 홀짝이는 동안, 극소수의 사람들만이 우아한 화학공학 공정의 마지막 단계를 완료했다는 사실을 알아차린다.

뭐? 화학공학이라고?

잠깐! 어쩌면 다음과 같이 반문할지도 모르겠다. "고작 커피 한 잔 만드는 것이 화학공학과 관련이 있다고? 화학공학자들은 복잡한 화학물질을 만들거나 화학반응을 제어하는 게 아니었어? 어떻게 커피 내리기 같은 일상적인 활동을 공학적인 것으로 간주할 수 있지?"

어떤 것이 화학공학으로 '간주'될 수 있는지 결정하기 전에, 먼저 다음 물음에 답을 해야 한다. "화학공학이란 무엇인가?" 대부분의 사람들은 다른 분야의 공학들에 비해 화학공학자들이 실제로 무엇을 하는 사람들인지 막연하게 생각한다. 컴퓨터공학자는 컴퓨터를 설계한다. 토목공학자는 건물과 다리를 설계한다. 기계공학자는 모터와 움직이는 것을 설계한다. 의공학자는 의료용 삽입물과 장치를 설계한다. 전기공학자는 회로를 설계한다. 우주항공공학자는 우주 공간으로 나가는 것들을 설계한다. 구체적인 내용은 복잡할지라도 사람들은 이 모든 공학 분야들에 대해 이미 잘 이해하고 있다.

반면 화학공학도들은 화학공학자들이 무슨 일을 하는지 설명하기 어려워하는 경우가 많다. 그 명칭을 보면 화학공학자는 사실 화학과 화학반응을 다뤄야 하지만, 그것이 그들이 하는 일의 전부가 아니다. 만약 화학반응만 관련된 일이라면, 화학공학자와 화학자는 어떻게 다른 걸까? 화학자가 화학과 화학반응을 다루는 직업을 의미하는 것이라면, '화학공학자'로 알려진 직업과는 무엇이 어떻게 다른 것인가?

"화학공학자는 휘발유를 만들기 위해 정유소에서 일한다"고 주장하는 사람들도 있을 것이다. 이러한 주장은 부분적으로만 맞다고 할 수 있다. 대부분의 화학공학자들은 전통적으로 원유를 휘발유 또는 다른 산물로 바꾸는 정유소에서 일을 했다. 또한 화학공학의 초기 역사는 1800년대 후반에서 1900년대 초반의 석유화학 산업으로 거슬러 올라갈 수 있다. 그러나 현대에 와서는 화학공학자 중 일부(~20%)만 석유와 관련된 분야에 종사한다. 심지어 현대 석유산업에서는 다수의 유능한 화학자들을 만날 수 있다. 그렇다면 그들이 하는 일은 동료인 화학공학자들과 다르다는 것인가?

화학공학의 정의

답은 "그렇다"이다. 화학공학자는 화학자나 다른 공학자와는 상당히 다른 방법으로 사고하도록 훈련을 받는다. 그러면 화학공학자란 무엇인가? 가장 포괄적이고 단순한 정의는 다음과 같다.

> "화학공학자는 물질을 더 쓸모 있는 형태로 변환하는 방법을 설계한다."

믿을 수 없을 정도로 단순한 정의다. 중요한 점은 구체적인 생성 물질이나 응용에 대한 언급이 없을 뿐만 아니라, 화학반응과 관련된 것이 포함되어야 한다는 요건도 없다는 것이다. 대신 물질을 더 '쓸모 있는' 존재로 '변환한다'는 놀라울 정도로 포괄적인 기준만 있을 뿐이다.

그렇다면 이것이 의미하는 바는 무엇인가? 다양한 종류의 물질이 있고, 심지어 인류에게 '쓸모 있다'고 여겨지는 물질은 훨씬 더 많기에 화학공학 공정의 예는 셀 수 없이 많다. 석유는 역사적인 면에서 전형적인 예다. 우리는 지하에서 추출한 원유라는 한 가지 물질을 휘발유, 비료, 플라스틱 등 여러 가지 유용한 제품으로 바꾼다.

그러나 시작 물질이 반드시 원유, 심지어 액체일 필요는 없다. 두 번째로 실리콘에 기초한 컴퓨터 칩들과 관련된 좋은 예가 있다. 우리는 실리콘(고체 물질)을 컴퓨터, 휴대폰, 오늘날의 TV 등 다양한 기기를 작동할 수 있는 칩으로 변환시킨다. 또다시 "잠깐, 컴퓨터 칩은 화학공학자가 아니라 컴퓨터 공학자가 만들잖아요!"라고 하며 반대하는 사람들도 있을 것이다. 컴퓨터 엔지니어가 칩과 함께 회로의 구성을 설계하는 것은 분명한 사실이다. 그러나 실리콘의 원재료를 최종 상품으로 변환시키는 전체 공정을 설계하는 것은 보통 화학공학자의 일이다. 인텔Intel(세계에서 가장 크고 영향력 있는 컴퓨터 칩 제작사)의 창업자 중 한 명인 앤디 그로브Andy Grove가 화학공학자로 훈련받았고, 제너럴 일렉트릭General Electric(세계적인 전자제품 제작사 중의 하나)에서 오랫동안 CEO로 있던 잭 웰치Jack Welch 역시 화학공학자로 훈련받았다. 오늘날의 컴퓨터와 반도체 산업은 상당한 비율(~5%)의 화학공학자를 지속적으로 고용하고 있다.

화학공학의 세 번째 예는 많은 대학생들이 가장 선호하는 음료인 맥주와 관련 있다!

여기에서는 단지 네 가지 원재료(보리, 홉, 효모 그리고 물)를 섞어 아주 유명한 음료로 변환시킨다. 앞의 두 예와는 달리 맥주를 빚는 것은 생물학(특히 이스트로 설탕을 발효시켜 에탄올로 변환하는 것)과 관련이 있다. 그러나 여기서도 화학공학자가 공정을 설계하고 제대로 진행되고 있는지 감독하는 경우가 많다. 사실 화학공학자는 브루어리(예, 엔하이저부시Anheuser-Busch 또는 쿠어스Coors)뿐만 아니라, 와이너리(나파 밸리Napa Valley 등)와 증류소(잭 다니엘 위스키Jack Daniels whiskey 또는 앱솔루트 보드카Absolute vodka 등)에서도 많이 일한다. 이외에도 치약이나 세제 같은 소비재와 항생제 또는 백신 같은 제약 제품, 식물성 대체육과 같은 새로운 식품의 제작 등을 포함하여 현대 화학공학의 다양한 예들을 찾아볼 수 있다. 화학공학자는 또한 장비 설계, 건설, 환경 위생(건강) 및 안전 그리고 과학 및 기술 컨설팅에서도 많이 종사하고 있다.

그렇다면 커피는 무슨 상관인가?

이제 커피를 만드는 과정이 화학공학의 한 예라는 것을 분명하게 밝혀 보자. 이것은 열대 고산지역에서 특히 잘 자라는 상록수 또는 관목의 한 종류인 아라비카 커피Coffea arabica의 작은 열매에서 시작된다. 이 밝은 빨강색(또는 노랑색) 열매 안에 있는 초록색 씨를 가공하고 로스팅한 다음(볶고) 갈아낸 가루를 뜨거운 물과 섞어 커피라고 부르는 음료를 만드는 것이다(커피콩은 엄밀히 말해서 씨앗으로 콩과는 전혀 관계가 없지만, 모두가 콩이라고 부른다). 다시 말해서 한 가지 형태(초록색 커피콩, 생원두, 생두)의 물질을 취하여 훨씬 더 쓸모 있는 형태(마실 수 있는 커피)로 변화시키는 것이다.

사실 커피의 인기는 대단하기 때문에 지극히 유용하다고 할 수 있다. 다양한 형태의 커피(예, 드립 추출, 인스턴트, 에스프레소 등)는 세계에서 가장 많이 소비되는 음료이다. 미국의 시장 규모만 연간 300억 달러이다. 미국인들이 하루에 4억 잔의 커피를 소비한다는 것이다!

커피가 인기 있는 가장 큰 이유는 아라비카 커피(또는 다른 종의 커피나무)의 씨에 다량 함유되어 있는 카페인의 각성 효과 때문이다. 카페인은 대부분 로스팅하는 동안 콩 안에 머물러 있다가 커피를 내리는 동안 분쇄된 콩에서 추출된다. 사람이 커피를

커피의 디자인 /

6

마시면, 카페인이 입, 목구멍 그리고 위를 타고 혈류로 들어가서 궁극적으로 중추 신경계와 상호 작용하여 전반적으로 긍정적인 효과(각성 효과, 더 명확한 사고 흐름, 집중력 향상, 그리고 전체적인 운동 능력 향상)를 일으킨다. 커피에 설탕을 넣지 않아도 달콤하게 만들 수 있다는 사실은 잘 알려져 있지 않다. 커피 애호가들은 달콤함과 더불어 고급 커피의 다양하고 섬세한 풍미를 살리는 로스팅과 추출을 위해 끊임없이 노력하고 있다.

여기에서 중요한 점은 매일 아침 커피를 준비하는 수백만의 사람들 모두가 (알 수도 모를 수도 있지만) 화학공학 공정을 수행하고 있다는 것이다. 주방에 있는 드립 커피 추출기는 석유 정유기보다 훨씬 작지만, 어떤 물질을 더 쓸모 있는 형태로 변화시키는 공정을 수행한다는 본질적인 원리는 동일하다.

누군가를 화학공학자로 만드는 것은 무엇인가?

물론 커피를 내리는 수백만의 사람들이 화학공학 공정을 수행하는 것이지만, 극소수의 사람들만이 스스로를 '화학공학자'로 규정할 것이다. 그것은 커피를 내리는 사람들 대다수가 다른 누군가에게 배운 과정을 단순히 따라 하고 있기 때문이다.

우리의 정의에 의하면, 화학공학자는 어떤 물질을 더 나은 형태로 바꾸는 방법을 설계/디자인하는 사람들이다. 여기서 '설계, 디자인Design'이라는 말에는 엄청나게 많은 의미가 함축되어 있다. 화학공학자는 '설계', 곧 어떤 물체를 더 쓸모 있는 형태로 바꾸는 과정을 계획, 시뮬레이션(모사), 생산, 그리고 시험하는 사람을 의미한다.

초기 화학공학자들은 시행착오를 겪으며 공정을 설계했다. 1만여 년 전인 신석기 시대에 처음으로 맥주가 양조되었다는 증거가 있다. 아마 완전히 젖어 있던 보리가 취할 수 있는 물질로 발효되었음을 누군가 발견했을 것이다. 커피는 그보다는 최근인 1500년대에 에티오피아나 아라비아에서 처음 만들어졌을 것이다. 먼저 커피콩들을 로스팅하고 물에 넣어 끓였을 것이다. 화학과 공학 분야는 훨씬 나중에 발전했기 때문에 최초의 커피도 시행착오의 과정을 통해 개발되었을 것이다.

오늘날의 화학공학자들은 휴대폰 같은 고가의 제품이나 맥주, 바이오 연료 같은 신

제품을 만들어내는 완전히 새로운 공정을 설계하는 회사에서 일하는 경우가 많다. 이들은 무작정 시행착오를 겪으며 일을 할 수는 없기에 설계 선택에 영향을 미치는 기본 과학원리를 이해하고 합리적인 방식으로 결정을 내려야 한다.

커피와 관련하여 화학자와 화학공학자를 어떻게 구별하는지 알아보자. 일반적으로 화학자는 어떤 물질을 다른 형태로 변화시키는 과정 중 특정한 부분, 곧 화학반응에만 초점을 맞춘다. 커피의 화학반응 중 흥미로운 부분은 대부분 로스팅 중에 일어난다. 이때 커피 원두 안에 든 단백질, 당 그리고 산성 물질들이 사람들이 맛있다고 느끼는 다른 종류의 화학물질로 바뀐다. 실험 4에서 탐구하겠지만, 심지어 더 많은 화학반응이 추출 중과 후에 일어난다(시간에 따라 뜨거운 커피의 pH가 크게 달라지는 것이 증거이다). 훌륭한 화학자는 얼마나 빠르게 분자들이 반응하는지 측정하여 다양한 분자들의 반응과 변화를 결정하는 근원적인 화학반응의 특징을 밝힐 수 있다.

그러나 커피를 만들어 본 사람이라면, 단순히 원두를 로스팅하는 것 이상의 일을 해야 한다는 것을 알고 있다. 이것이 바로 화학공학자들이 하는 일이다. 대부분의 경우, 물질이 변환되는 공정에서 화학반응은 겨우 첫 번째 단계에 불과하다. '쓸모 있는 형태'를 얻으려면 그 외에도 많은 단계들이 필요하다. 화학공학자들은 화학반응 이외에도 심지어 화학반응이 일어나는 반응기의 설계 같은 일에도 관여한다. 화학공학자들은 원하는 최종 제품을 생산하기 위해 화학뿐만 아니라 다수의 추가 개념을 이해해야 한다. 특히 커피의 공정을 설계할 때 다음의 질문들을 염두에 두어야 한다. 얼마나 오랫동안 원두를 로스팅해야 하는가? 얼마나 큰 로스터를 이용해야 하는가? 생원두에 어떻게 열을 전달할 것인가? 그리고 어떤 형태의 에너지원을 사용할 것인가? 로스팅이 완료된 후엔, 커피를 얼마나 곱게 갈것인가? 커피를 추출하는 데 물 온도는 어떻게 해야 할까? 분쇄한 원두에 물을 어떻게 부을 것인가 그리고 얼마나 빠르게 물을 통과시켜야 할까? 마시기 전까지 어떻게 커피를 따뜻하게 유지할 것인가? 무엇보다 이 모든 과정에 비용이 얼마나 들까?

이 질문들에 대한 답은 따로 설명할 필요가 없다고 생각할지도 모르겠다. 이것은 커피를 내리는 고전적인 방법과 스타벅스 카푸치노의 가격을 알고 있기 때문일 것이다. 하지만 눈을 감고 커피를 만드는 법을 전혀 본 적이 없다고 상상해 보라. 한 가지 질문에만 집중해 보자. "원두를 얼마나 곱게 갈 것인가?" 물론 시행착오를 겪으면서 그럴듯한 결과가 나올 때까지 다양한 크기로 분쇄해 볼 수도 있다. 그러나 화학공학자들은 분쇄된 가루의 크기가 그 안에 든 화학물질(카페인과 맛이 좋은 분자들)을 액체인 물속으로 이동시키는 속도에 어떠한 영향을 미치는지 이해하려고 한다. 그들은 '화학물질이 이쪽에서 저쪽으로 이동하는 과정'을 '물질전달'이라고 칭한다. 실험 6에서 살펴보겠지만, 고체 입자의 크기가 화학물질을 액체로 이동시키는 속도에 막대한 영향을 미친다는 것이 밝혀졌다. 그러므로 화학공학자들은 전체 공정을 합리적으로 설계하기 위해 이 원리를 어떻게 적용할 것인지 이해해야만 한다.

커피의 설계

이 책에 수록된 실험 활동들은 커피를 로스팅하고 추출하는 과정을 통해 화학공학자들이 사고하는 법을 실제적이고 비수학적으로 체험해 볼 수 있게 하였다. 여기서 '비수학적'이라는 말이 핵심이다. 독자들은 고등학생 이상의 미적분학, 화학 또는 물리학 등의 지식 수준을 필요로 하지 않는다. 화학공학의 핵심 개념을 정성적定性的으로 살펴봄으로써 학생들이 복잡한 미적분학이나 화학에 굴복당하지 않고 '큰 그림'을 볼 수 있게 하는 것이 목표이다.

왜 커피인가? 앞서 언급했듯이 커피를 만드는 것이 전형적인 화학공학의 공정이기 때문이다. 무엇보다 중요한 것은 다른 화학공학 공정과 관련된 원재료들(석유 또는 실리콘)과는 달리 초록 커피콩(생두)은 인터넷에서 저렴한 가격에 쉽게 주문할 수 있다. 이는 독자들이 이 책에 수록된 모든 실험들을 직접 시행해 볼 수 있고, 그렇게 함으로써 화학공학적 감각을 발전시키고 키우는 데 도움이 된다는 의미이다. 이미 커피를 만드는 방법에 대해 모든 것을 알고 있다 여기더라도 숙련된 화학공학자의 접근 방식으로 커피를 내려 본 적은 없을 것이다. 이 책을 통해 화학공학자들처럼 커피에 대해 그리고 다른 공정이나 제품에 대해 생각하게 될 것이다.

그것을 위해 이 실험 지침서는 다음과 같이 구성하였다. 우선 독자들이 집에 실험실을 꾸릴 수 있도록 필요한 모든 물품과 장비들을 안내하여 사전준비에 신경을 썼다. 먼저 실험 1에서는 안전과 관련된 요소와 커피를 맛보는 주요 개념에 대해 살펴본다.

책의 나머지는 분석과 설계의 두 부분으로 나뉘어 있다. 실험 2부터 10까지는 각각 화학공학의 주요 개념에 초점을 맞췄다. 각각의 개념에 대해 어떻게 '공학적 분석'을 수행하는지 이해해 보자. 실험 2와 3에서는 '공정 흐름도'의 개념과 각 공정의 단계에서 질량보존이 어떻게 만족되어야 하는지 살펴볼 것이다. 실험 4에서는 추출한 커피의 맛이 시간에 따라 어떻게 변하는지 화학반응의 영향을 탐구할 것이다. 실험 5에서는 '에너지'의 의미와 이 에너지가 로스팅 및 추출과 어떻게 관련되는지 알아볼 것이다. 그리고 실험 6에서는 분쇄 커피의 크기, 추출 시간, 물의 온도가 추출의 강도에 미치는 영향을 실험하면서 '플럭스'와 '물질전달'의 개념을, 실험 7에서는 물의 화학과 그것이 커피 추출에 미치는 영향에 대해 살펴볼 것이다. 실험 8은 압력과 다공성 매질을 통과하는 유체 움직임의 핵심 개념에 대해 소개하고, 실험 9에서는 커피의 '콜로이드'와 거름 방식에 따른 영향과 결과들을 논의하며, 실험 10에서는 에스프레소의 점도를 측정해 볼 것이다. 모든 실험의 마지막에는 커피를 만드는 과정과 관련하여 각 실험의 주제를 과학적 또는 공학적으로 더 탐구할 수 있는 자료들을 추가하였다.

제3부에서는 '분석'에서 '설계(디자인)'로 방향을 바꿀 것이다. 실험 11에서 13까지는 설계의 다른 측면에 초점을 맞춰 정답이 없는 설계들을 시도해 볼 것이다. 실험 11에서는 용존 고형물 총량TDS과 추출 수율이라는 목표를 달성하기 위해 추출 변수를 최적화하는 방법을 토론하고, 실험 12에서는 학생들이 자신만의 독창적인 로스팅과 추출 과정을 '대량화'하게 하며, 실험 13에서는 공학적인 관점으로 로스팅과 추출의 경제학에 대해 생각해 보고, 마지막으로 실험 14에서는 학생들이 공학적 설계에 도전하여 최소한의 에너지로 최고의 맛을 가진 커피를 만들어 (블라인드 테이스팅하여) 겨루며 대단원의 막을 내릴 것이다. 맛있는 커피를 만들기도 어렵지만, 적은 에너지로 맛있는 커피를 만들어내는 것은 훨씬 더 어려운 일이다!

만약 학기제 수업에서 진행한다면, 14개의 모든 실험을 순차적으로 시행해 볼 것을 추천한다. 하지만 (보통 10주간 진행되는) 쿼터제 학교나 학기제이지만 실험 수를 줄이고 싶은 경우에는 적어도 핵심적인 다섯 가지 실험 1, 2, 3, 5와 6 다음에 실험 4 또는 7~10(둘 중 가장 관심 있는 것) 중 하나, 두 차례 정도의 디자인 콘테스트로 마무리할 것을 추천한다. 물론 모든 실험은 독립적이기 때문에 집에 있는 강사 또는 학생은 가장 하고 싶은 실험을 자유롭게 고르고 선택하면 된다.

초반부에 강조했듯이 이 책의 핵심은 학생들에게 공학자처럼 생각하는 법을 가르치려는 것이다. 공학에는 관심을 두지 않기로 결정하더라도 진정으로 훌륭한 커피 한 잔을 만들어내는 법을 더 깊은 차원으로 이해하게 될 것이며, 무엇을 선택하든 인생에서 유용한 기술이 될 것이다!

The Design of Coffee
: An Engineering Approach

무엇이 필요한가? – 장비와 준비물

학교나 워크숍에서 제공하는 강좌의 일
부로 이 책을 읽고 있다면, 이 섹션에 대
해 걱정할 필요가 없다. 강사가 실습을
수행하는 데 필요한 모든 장비와 용품
을 이미 준비해 두었을 것이다. 이 부분
이 궁금하지 않다면, 이 섹션을 건너뛰
고 실험 1로 이동하여 중요한 안전사항
들을 점검하고 커피 시음에 대해 학습해 보라.

그러나 실험실을 스스로 세팅하는 경우에는 필요한 모든 물품과 장비를 조달하는
데 어느 정도 주의를 기울여야 한다. 이번 섹션의 목표는 관심 있는 개인이 무엇을 빌
리거나 구입해야 하는지 확인시켜 주는 것이다.

세부적으로 살펴보기 전에 몇 가지 언급해 둘 것이 있다. 첫째, 여기에 나열된 특정
품목들은 모두 커피의 과학 및 공학을 학습하는 데 유용한 것들이다. 훌륭하게 추출
및 로스팅하는 업체들이 많다. 그러므로 여기에 포함되거나 제외되었다고 품질이 더
좋다거나 떨어진다는 의미로 이해해서는 안 된다. 여기에 수록된 품목들은 '최고의'
커피를 만들기 위해 필요한 것들이 아니라, 많은 비용을 들이지 않고 핵심 원리들을
설명하기 위해 선택된 것들이다.

두 번째로, 실험에 관심 있는 사람들과 함께할 것을 강력히 권한다. 현실적인 이유
는 다음과 같다. 실험하는 동안 역할을 분담하기도 용이하고, 커피 한 잔만 두고 디자

커피의 디자인 /

12

인 콘테스트(실험 14)를 열 수도 없기 때문이다. 뿐만 아니라 철학적인 이유도 있다. 산업 현장에서 엔지니어들은 거의 예외 없이 항상 팀으로 일하고, 대부분의 공과대학에서도 교육과정 중 협력과 조별 활동을 강조한다. 따라서 커피에 관심이 있는 친구들을 찾아 함께 실험하고 경쟁력 있게 디자인 콘테스트에 참여할 것을 권고한다. 또 그렇게 하는 것이 훨씬 더 재미있을 것이다!

별표로 표시된 품목들은 모든 실험실에서 사용하고 있기에 각각의 실험에 필요한 장비 목록에 포함시키지 않았다. 따로 언급하지 않더라도 여전히 필요한 항목이라는 것을 명심하라. 실험 11~14에 필요한 품목들은 해당 실험의 답이 정해지지 않은 특성으로 인해 모든 범주에 잠재적으로 필요할 수 있다. 한눈에 볼 수 있게 이 섹션 끝에 필요한 모든 장비와 용품을 실험 번호별로 정리해 두었다.

기본 시설

먼저 참가자들이 사용할 싱크대와 전기, 테이블이 있는 공간이 필요하다. 약 2m 크기의 테이블은 3인 1조가 서서 사용하기에 적합하다. 최신 전기 규정에 따르면, 싱크대 근처에 누전 차단기를 보호할 전기 콘센트가 있어야 하며 (싱크대에 전기 장치가 되어 있지 않은 경우에는) 콘센트에 이를 설치하는 것이 좋다. 식기세척기는 편리하기는 하지만 반드시 필요한 것은 아니다.

사용할 공간에는 최소한 표준 환기 장치가 있어야 한다. 밀폐된 곳이나 환기가 되지 않는 공간에서는 절대로 커피를 로스팅하지 않도록 한다. 환기 장치가 없는 경우에는 창문을 열고 선풍기를 사용하여 로스팅 연기를 배출하라. 후드를 사용하는 경우 외부로 배출하여 주방으로 역류되지 않게 한다. 역류하는 경우에는 창문을 열어 환기한다.

각각의 실험은 설치하고 정리하는 시간을 포함하여 약 2시간이 소요되도록 설계되었다. 여러 실험을 한꺼번에 시행해 볼 수는 있지만, 최소 하루나 이틀 정도의 간격을 두고 시행하는 것이 좋다. 그러면 로스팅한 원두에서 가스가 배출되어 온전한 맛과 향을 낼 수 있고, 또 이전 실험에서 배운 내용도 흡수할 수 있다.

커피 원두

로스팅한 원두는 대부분의 식료품점과 카페에서 구입 가능하다. 생두는 가격이 조금 더 저렴하지만 대량 구매를 위해서는 스위트 마리아스Sweet Maria's 같은 온라인 판매점이나 도매점인 커피 스룹Coffee Shrub에서 특별 주문을 해야 한다.[1] 필요한 생두의 양은 설계 실험(실험 11~13)에 소요되는 시간에 따라 달라진다. 카페인이 적은 것을 선호한다면 카페인이 없는 생두를 주문하여 로스팅해도 된다. 여기에 언급된 양은 3인 1조가 사용하기에 적합하다.

기타 재료

커피에서는 '쓴맛'과 '신맛'의 차이를 이해하는 것이 중요하다. 따라서 실험 1에서 묽은 카페인(매우 쓴맛)과 구연산(매우 신맛)을 감각 기준으로 시음해 보는 것이 좋다. (맛에 영향을 줄 수 있는) 첨가물이 들어가지 않은 순수한 분말 형태로 된 것을 각각 구입하고 맛보기 전에 물에 희석하라. 또 실험 7에서 추출수의 알칼리도와 경도를 조절하려면, 엡솜 염, 베이킹소다, 증류수가 필요하다.

---

[1] **역자 주** 스위트 마리아스와 커피 스룹은 미국의 커피 판매 도매점이다.

분쇄기

커피 애호가들은 바라짜에서 제작한 더 비싼 콘앤버Cone and bur 그라인더를 사용하는데, 이것은 원두의 분쇄도를 조금 더 균일하게 하여 커피를 내리는 동안 추출을 더 잘 조절할 수 있다. 비용이 문제라면, 여기에 기록된 모든 실험에는 3만 원 정도의 전기 날 그라인더면 충분하다. 표준 전기 날 그라인더를 사용하는 경우, 가는 동안 분쇄기를 위아래로 가볍게 흔들어 원두가 고르게 분쇄되도록 한다. 막자사발은 선택사항이다. 실험 6에서 분쇄도가 추출에 어떤 영향을 미치는지 살펴볼 때 사용하면 흥미롭겠지만, 반드시 필요한 것은 아니다. 막자사발 대신 로스팅한 커피 원두를 비닐봉지에 넣고 무거운 것으로 두들겨도 된다.

로스터

둘 다 작은 '탁상형' 로스터로 우리가 만들 소규모 용량에 적합하다. 프레시 로스트는 커피용으로 특별히 고안된 제품으로 가격이 조금 더 비싸다(약 20만 원). 팝콘 기계는 훨씬 저렴하면서도(약 3만 원) 커피에도 충분히 사용할 수 있다. 비용이 문제라면, 팝콘 기계만으로도 여기에 수록된 거의 모든 로스팅을 할 수 있다. 팝콘 기계에는 공기를 (시계 방향 또는 시계 반대 방향으로) 회전시켜 뽑아내도록 설계된 통풍구가 있어야 한다. 뜨거운 공기를 곧바로 주입하는 망이 있는 것은 원두가 회전하지 않아 불이 붙을 수 있다.

추출 장치

☐ 미스터 커피(4컵 분량, TF4-RB)	(실험 1~3, 11~14)
☐ 클레버 커피(대형)	(실험 3~7, 9, 11~14)
☐ 에어로프레스	(실험 7~14)
☐ 프렌치 프레스(4컵 분량, 보덤Bodum)	(실험 9, 11~14)
☐ 1.7L 핸드드립 전기 주전자(보나비타 온도조절 구스넥 전기 주전자)	(실험 1, 4~14)

　　미스터 커피는 온수기가 내장된 전형적인 드립 추출기이다. 간단한 드립 추출기라면 무엇이든 사용할 수 있지만, 분해와 재조립이 가능해야 한다. 나머지 클레버 커피 에어로프레스, 프렌치 프레스에는 추가 온수 공급원이 필요하다. 보나비타 전기 주전자는 온도조절 장치가 내장되어 있고 긴 주둥이가 있어 간편하게 물을 따를 수 있다. 더 작은 주전자는 편리성은 덜하지만, 사용하는 데는 문제없다.

유리기구와 주방용품

☐ 투명 에스프레소 잔(3.5oz / 100mL) 또는 소주잔*	(실험 2~14)
☐ 티스푼	(실험 1)
☐ 커다란 유리 머그컵(12oz / 360mL)	(실험 1~14)
☐ 작은 종이컵	(실험 4, 6)
☐ 주둥이가 있는 큰 계량컵	(실험 4~14)
☐ 크고 작은 믹싱볼	(실험 2~14)
☐ 1L 스테인리스 보온병	(실험 14)

　　투명한 유리 머그컵은 안에 든 커피를 볼 수 있어서 좋다. 큰 컵은 일부 추출 방법에서만 필요하고, 작은 에스프레소 잔은 시음용으로 적합하다. 작은 종이컵은 샘플의 시간을 기록할 수 있어 여러 가지 시간에 민감한 요소들의 측정(예, pH 또는 TDS vs. 시

간)에 유용하다. 큰 계량컵은 물통을 채우거나 에스프레소 잔에 커피 샘플을 부을 때 편리하다. 큰 믹싱볼은 팝콘 기계의 껍질을 제거하는 데, 작은 믹싱볼은 질량을 측정하는 데 유용하다. 보온병은 커피를 따뜻하게 유지해주므로 블라인드 테이스팅에 필수적이다.

거름망과 보관봉투

□ 다양한 크기의 거름종이 　　　　　　　　　　　　　(실험 2~14)
□ 에어로프레스용 원형 금속 거름망 　　　　　　　(실험 9~14)
□ 커피 보관용 봉투(120g 크기) 　　　　　　　　　(실험 3~13)

　각각의 추출기에 맞는 거름종이를 사용한다. 밀리타Melitta사에서는 4컵 분량의 미스터 커피용(바닥이 평평한 거름종이)과 크기 #4의 원뿔형 클레버 추출기용 거름종이를 생산하고 있다. 에어로프레스는 납작한 원형의 거름망인 마이크로필터를 사용한다. 실험 9에서 거름종이와 금속 거름망을 비교하려면 에어로프레스용 금속 거름망이 필요하다(중요!). 커피 봉투는 (용기의 압력을 올리지 않아도) 이산화탄소가 방출되도록 되어 있어 로스팅한 원두를 보관하기에 적합하다. 봉투에 원두를 담기 전에 충분히 식히도록 하라!

측정 장치

　　실험할 때마다 수차례 질량을 측정해야 하기에 0.1g 범위의 전자저울은 대단히 중요하다. 아카이아 같은 브랜드는 추출 시간을 모니터링하는 데 유용한 타이머가 내장되어 있어서 좋다. 체중계는 에어로프레스 추출 중 손으로 누르는 힘을 측정하기 위한 것으로 단순한 아날로그 저울이 가장 좋고 0.5kg 범위의 정밀도가 좋다. 또 전자 체온계가 편리하지만, 필요하다면 알코올이 채워진(일반) 체온계를 사용해도 된다. pH 미터는 주로 실험 4에서 사용되므로, 비용이 문제라면 건너뛰거나 pH 시험지를 사용할 수 있다. 킬어와트 소비전력측정기는 우리의 주요 공학적 목표가 에너지 사용량을 최소화하는 것이기 때문에 반드시 있어야 하며, 다행스럽게도 가격은 약 2만 원에 불과하다. 마지막으로 지금까지 가장 비싼 품목은 (커피의 용존 고형물 총량 또는 '강도'를 알려 주는) 커피 굴절계이다. 하지만 이것은 대단히 중요한 측정이므로 커피에 대해 진지하게 생각하고 여유도 된다면 구입하는 것이 좋다. 그러나 비용이 문제인 경우, 휴대용 전기전도도 측정기(약 2만 원)를 구입하여 TDS를 추산할 수 있다. 이것은 훨씬 저렴하지만, 정확도는 크게 떨어진다. 간단한 광학 현미경이나 USB 현미경을 사용할 수 있다면, 실험 9에서 거름망이 커피 콜로이드에 어떤 영향을 미치는지 관찰할 수 있다. 총 배율이 400배이고 위상차가 있는 현미경이 있으면 좋지만, 꼭 필요한 것은 아니다.

기타 용품

□ 드라이버   (실험 2)

□ 30cm 자   (실험 8)

□ 눈금 실린더(500mL, 100mL)   (실험 3, 10)

□ 금속 채반   (실험 2~12)

□ 제빵용 붓   (실험 3~13)

□ 오븐 장갑   (실험 1~12)

□ 징과 채   (실험 14)

미스터 커피 제품을 분해하려면 드라이버가 필요하고, 실험 8에서 에어로프레스 안의 커피 찌꺼기 두께를 측정하려면 눈금자가 필요하다. 눈금 실린더를 사용하면 로스팅(실험 3)하는 동안 원두의 부피가 얼마나 늘어났는지와 에스프레소의 크레마 두께(실험 10)를 시각화할 수 있다. 금속 채반은 로스팅 후 원두를 빠르게 식히는 데 적합하며, 제빵용 붓은 로스터에 낀 커피 껍질(채프)을 제거하는 데 유용하다. 오븐 장갑은 뜨거운 물건, 특히 로스터를 다룰 때 반드시 사용할 것을 권한다. 마지막으로 선택사항이지만, 디자인 콘테스트를 시작하거나 우승자를 발표할 때 징을 울리면 정말 재미있을 것이다.

다음 페이지의 표는 어느 실험에 어떤 용품과 장비가 필요한지를 보여 준다. 'x' 표시가 된 품목은 해당 실습에 필수적인 것이고, '○'로 표시된 것은 선택사항이다. 처음 세 번의 실험에서는 로스팅한 커피만 구입하면 되고, 실험 5~14에서는 이전 실험에서 직접 로스팅한 커피(– 표시)를 사용하는 것으로 가정한다.

분류	항목	1 안전과 사용	2 역공학	3 물질수지	4 pH와 화학	5 에너지 사용량	6 물질 전달	7 물의 화학	8 압력 유체 흐름	9 콜로이드와 거품	10 에스프레소와 점도	11 첫 번째 실험 : 최적화	12 두 번째 실험 : 대량화	13 세 번째 실험 : 대량화	14 디자인 콘테스트
재료	로스팅한 원두	X	X	X	X	-	-	-	-	-	-	-	-	-	-
	커피 생두			X	X	X	X	X	X	X	X	X	X	X	
	카페인과 시트르산	O													
	엡솜 염, 베이킹소다, 증류수						X								
로스팅과 분쇄	바라짜 분쇄기(또는 다른 분쇄기)	X	X	X	X	X	X	X	X	X	X	X	X	X	X
	막자사발						O								
	프레시 로스트 540 커피 로스터			X	X	X	O	O	O	O	O	O	O	O	
	팝콘 기계					X	O	O	O	O	O	O	O	O	
추출기구	1.7L 전기 주전자	X			X	X	X	X	X	X	X	X	X	X	X
	미스터 커피		X	X	X							O	O	O	O
	클레버 커피				X	X	X	X		X		O	O	O	O
	에어로프레스									X	X	O	O	O	O
	프렌치 프레스(4컵 분량)									X		O	O	O	O
	에스프레소 머신										X	O	O	O	O
거름망과 거른용기	적당한 크기의 거름종이		X	X	X	X	X	X	X	X	X	X	X	X	X
	재사용이 가능한 둥근 금속 거름망									X	O	O	O	O	O
	커피 봉투(100g)			X	X	X	X	X	X	X	X	X	X	X	
유리기구와 주방용품	티스푼	X													
	큰 유리 머그컵	X	X	X	X	X	X	X	X	X	X	X	O	O	O
	작은 에스프레소 잔			X	X	X	X	X	X	X	X	X	X	X	
	크고 작은 믹싱볼			X	X	X	X	X	X	X	X	X	X	X	
	주둥이가 있는 큰 계량컵			X	X	X	X	X	X	X	X	O	O	O	O
	작은 종이컵			X		X									
	진공 보온병(1L)														X
측정장치	전자저울	X	X	X	X	X	X	X	X	X	X	X	X	X	X
	전자 온도계		X	X	X	X					X				
	소형 pH 미터				X			X							
	소비전력측정기					X	X	X	X	X	X	X	X	X	X
	커피용 전자 굴절계						X	X	X	X	X	X	X	X	X
	아날로그 체중계								X		X				
	광학 현미경과 슬라이드글라스									X					
	점도계(캐논-펜스케, 1-10cSt)										X				
기타	드라이버		X												
	눈금 실린더(500mL/100mL)			X											
	제빵용 붓			X	X	X	X	X	X	X	X	X	X	X	
	오븐 장갑			X	X	X	X	X	X	X	X	X	X	X	
	금속 채반			X	X	X	X	X	X	X	X	X	X	X	
	자							X							
	징과 채														O

실험 1 – 안전 점검 및 시음의 기초

■ **목표**

이 예비 실험에서는 먼저 실험실의 뜨거운 커피와 관련하여 중요한 안전 문제를 점검한다. 그런 다음 전통적인 '커핑Cupping'을 수행하여 고품질로 추출된 커피의 맛을 경험하고, 기준시료를 통해 '쓴맛'과 '신맛'의 차이에 대해 알아볼 것이다. 목표는 커피를 판단하는 주요 감각 특성을 배우는 것이다.

■ **장비**

☐ 전기 주전자   ☐ 유리잔 또는 머그컵   ☐ 티스푼   ☐ 로스팅한 커피 두 종류
☐ 카페인 기준시료   ☐ 구연산 기준시료

■ **실험 활동**

☐ Part A – 안전사항 점검
☐ Part B – 시음 기준을 바탕, 최소 두 가지 이상의 커피를 전통적인 방식으로
　커핑하기

■ **보고서**

☐ 서명한 안전 규정표

Part A - 안전 점검

연구실에 들어가기 전에 제일 중요한 활동은 커피 연구에 대한 안전 규칙과 기대치를 점검하는 것이다. 실험 1의 사전 실험 과제는 간단하다. 안전 규칙과 연구실 오리엔테이션을 읽은 다음 페이지 하단에 서명하면 된다. 서명한 안전 시트를 이미지(예, 휴대폰 사진)로 또는 스캔하여 제출하라. 이 페이지를 제출할 필요는 없다. 그림은 안전 시트에 기록된 내용을 보완·강화하는 것에 불과하다. 안전이나 절차와 관련하여 질문이 있는 경우 주저하지 말고 조교나 강사에게 또는 집에서 실험하는 경우에는 동료나 친구에게 문의하라. 안전이 제일이다!

이것은 예비 실험이므로 (Part A 또는 Part B에 대한) 공식적인 실험 보고서를 작성할 필요가 없다. 수업에 참여하는 경우 안전 규정에 서명하고 제출하기만 하면 된다. 집이라면, 여기에 기록된 안전 지침을 이해했는지 스스로 확인하라. 만일의 경우를 대비하여 방화 담요와 구급상자의 위치를 확인하라. 또한 실험을 마친 후 정리와 관련하여 예상되는 사항을 이해했는지 확인하라. 집이나 다른 곳에서 이 책의 실험을 수행하는 경우에도 다음의 안전 지침을 따르는 것이 좋다. 불조심하라!

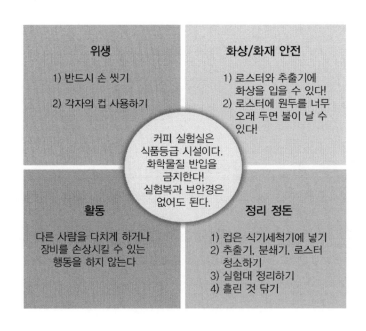

'커피 실험실' 안전 오리엔테이션

1. **식품등급 시설.** '커피 실험실'은 식품등급 시설이다. 다른 실험실과 달리 음식을 먹고 마실 수 있다. 그러나 이것은 어떤 위험한 화학물질/재료도 커피 연구실에 반입할 수 없음을 의미한다. 실험실 안으로 화학물질을 가져오지 마라.

2. **실험복 또는 고글 미착용.** 화학물질이 없기 때문에 실험복, 실험용 장갑, 보안경이 필요하지 않다. 평상복이면 충분하다.

3. **가방은 한쪽에 보관하기.** 실험실에 들어오면 가방을 지정된 선반에 보관하라. 바닥에 놓인 가방, 특히 뜨거운 물 주변에서는 걸려 넘어질 위험이 크다.

4. **위생 – 손 씻기.** 실험실에 입장 시 비누와 물로 손을 씻어야 한다. 또한 화장실을 사용한 후(기침, 재채기 또는 코를 푼 후, 또는 그 외에 손이 더러워지는 일을 한 후)에도 손을 씻어야 한다.

5. **위생 – 컵 공유 금지.** 다른 사람과 컵을 공유하지 않는다. 실험이 시작될 때마다 스티커를 붙여 각자의 컵을 구별하라. 다른 사람의 컵을 '한 모금' 마시고 싶은 유혹을 피하라. 컵이 더러워졌거나 실수로 공유되었다고 생각되면, 새 컵을 사용하라.

6. **화상 조심.** 커피와 관련된 위험 요소는 주로 화상이다. 전기 주전자와 로스터는 심각한 화상의 위험이 있으므로 세심한 주의를 기울여야 한다. 추출기와 로스터는 정해진 손잡이만 잡는다. **뜨거운 커피는 항상 실험실 테이블 위에 놓인 컵에 붓고, 절대 손에 든 상태로 붓지 않는다.** 화상을 입은 경우에는 즉시 싱크대의 찬물로 열기를 빼고 조교나 강사에게 알려야 한다.

7. **화재 조심.** 토스터 안의 빵처럼 로스터 속에 있는 원두에도 불이 붙을 수 있다. 로스터를 방치해 두고 자리를 비우지 마라. 연기가 많이 나기 시작하거나 원두가 움직이지 않는 경우에는 즉시 전원을 내린다. 원두에 불이 붙었다면 로스터의 전원을 끄고, 가능하다면 방화 담요를 덮어 불길이 잦아들도록 한다. 크기와 상관없이 화재가 발생했다는 것을 조교나 강사에게 알리도록 한다. 로스터를 사용할 때에는 특히 주의를 기울인다. 비상구, 구급

상자 그리고 소화기의 위치를 숙지하라.

8. **과격한 행동 금지.** 고의적으로 위험한 행동을 하는 사람은 실험실에서 퇴출시킬 것이다. 물건을 던지거나 힘겨루기(씨름, 밀기, 간지럽히기 등)를 하거나 커피 원두 이외의 것을 로스터나 추출기에 넣는 등의 행위도 금한다.

9. **승인하지 않은 장비 금지.** 개인 추출기 또는 로스팅 장비를 실험실로 가져올 수 없다. 휴대용 버너나 양초 등 실험실 내 개인 화기 반입 및 사용을 금한다.

10. **실험실 정리 정돈(필수).** 실험이 끝날 때마다 각 조는 실험 장소를 청소해야 한다. 사용한 커피잔과 유리기구는 전부 물과 세제로 깨끗하게 닦고 실험실 테이블은 스프레이를 뿌려 닦은 다음, 빗자루로 바닥에 흘린 커피 찌꺼기나 원두를 쓸어낸다. **중요:** 정리 후 떠나기 전에 조교 또는 강사에게 검사를 받도록 한다.

나는 실험실에서의 행동 및 안전 수칙을 주의 깊게 읽고 이해했음을 확인합니다.

서명: _____ 날짜: _____

이름: _____

학번: _____ 조 이름: _____

Part B 배경지식 – 커피 시음

커피 시음은 어렵다. 전문가들은 미묘한 차이를 식별하기 위해 미각을 발달시키는 데 많은 시간을 보낸다. 여기에서는 블라인드 테이스팅에서 커피의 맛을 판단하는 데 사용하게 될 주요 감각적 특성의 기본 정의들을 살펴본다. 시음할 때 먼저 향을 맡은 후, 큰 소리로 후루룩 소리를

내며 커피를 마셔 보라. 후루룩 마시면 더 작은 물방울(에어로졸)이 생성되어 다음 두 가지가 가능해진다. 첫째, 이 작은 물방울들은 입안의 모든 미뢰(맛봉오리)를 코팅하여 전체 미각이 평가에 관여하도록 돕는다. 둘째, 작은 물방울은 부피당 표면적 비율이 더 높기 때문에 '후비강' 통로를 따라 이동하는 향기 분자의 휘발을 가속화한다('맛의 대부분은 사실 '냄새'이다!). 어떤 시음자는 커피가 입안에 완전히 퍼져 있는지 확인하려면 머금은 커피를 '씹는' 것이 도움이 된다고 생각한다. 마지막으로 삼킨 후에 뒷맛을 계속 느껴 보라. 주요 채점 항목은 다음과 같이 정의한다.

향기Fragrance   입에서 맛보기 전 처음에 냄새로 감지되는 커피의 향기로운 측면. 더 좋은 향기가 더 높은 점수를 받는다(커피업계에서는 분쇄 커피의 냄새를 '향기'로 지칭하고, 끓인 커피 냄새를 '아로마'로 지칭하는 경우가 있다. 이 책에서는 두 용어를 같은 의미로 사용함).

풍미Flavor   첫 번째 향기(아로마)가 주는 첫인상과 최종 맛의 산미 사이에서 느껴지는 커피의 맛 특성. 입에서 코로 전달되는 모든 미뢰 감각과 비강 향이 합쳐진 느낌이다.

뒷맛Aftertaste	미각 뒤쪽에서 발생해 커피를 삼킨 후에도 남아 있는 긍정적인 풍미(맛과 향기/아로마)의 지속 시간. 뒷맛이 짧거나 불쾌한 경우에는 낮은 점수가 부여된다.
산미Acidity	맛이 좋을 때에는 '밝다, 화사하다', 불쾌할 때는 '신맛', 누락될 때는 '둔하다' 또는 '밋밋하다'로 표현된다(커피에서 '밝다'는 것은 '산미가 좋다'는 의미이다!). 이탈리안 드레싱에서 식초가 과하면 불쾌한 신맛이 나는 것과 비슷하다. 산미는 특히 커피를 처음 후루룩 마실 때의 생동감, 단맛, 신선한 과일의 특성에 관여한다. 산미가 부족하거나('칙칙함' 또는 '밋밋함') 지나쳐도('신맛') 낮은 점수를 받게 된다. 커피의 풍미를 향상시키는 '밝고' 생기 넘치는 산미에 높은 점수를 부여한다.
바디감Body	입안에서 느껴지는 커피의 촉감은 액체의 '점성'과 밀접한 관련이 있다. 커피의 콜로이드와 당은 바디감을 높이는 데 영향을 미친다. '물 같은' 커피는 맛은 좋지만 바디감이 부족하고, '진한' 커피는 바디감은 강하지만 맛이 좋지 않을 수 있다. 쾌적한 바디감에 높은 점수를 부여하라.
균형감Balance	커피의 전체적인 느낌을 말한다. 이상적인 커피는 앞서 언급한 특성들 가운데 어느 하나가 두드러지지 않고 모두가 균형을 이룬다. 이 항목을 주관적인 '보정 계수'로 여기라. 커피의 향과 맛이 전반적으로 긍정적이라면 균형감에 높은 점수를 부여하고, 전반적으로 부정적이라면 낮은 점수를 부여하라.
단맛Sweetness	커피의 맛은 얼마나 달까? 여기서 달다는 것은 설탕을 넣는다는 의미가 아니다! 놀랍게도 특정 커피는 당류와 일부 복합 탄수화물의 존재로 인해 단맛이 나는 것처럼 느껴질 수 있다. 블랙커피는 (엄청난 양의 설탕이 첨가된) 탄산음료만큼 달지는 않다. 하지만 고품질의 커피는 상당히 뚜렷한 단맛을 가지고 있다.
결함Defects	결함은 맛을 손상시키는 이상한 냄새(이취異臭)를 말한다. 예를 들면 최근 일부 르완다 커피에 감자 결함Potato defect이 있는 것으로 알려졌는데, 이름에서 알 수 있듯이 갓 껍질을 벗긴 감자의 향이 나는 것이다. 고품질 커피에서 이런 향이 나는 것을 원하지 않을 것이다.

많은 커피 전문가들은 커피 시음을 위해 대단히 간단한 방법을 표방하는데, 아마도 닉 초(샌프란시스코에 있는 렉킹볼 커피의 공동 창립자)가 가장 잘 정리해 놓은 것 같다:

'커피맛을 판단하는 4단계는 순서대로 단맛, 결함, 산미 그리고 풍미이다.' 닉은 자연스럽게 달콤한 맛을 내는 커피 한 잔을 마시는 것이 가장 중요한 특징 또는 속성이라고 강조했다. 다음으로 모든 속성 가운데 부정적임을 피하고 이어서 산미가 좋아야 한다. 마지막으로 풍미는 품종이나 수확 후 가공 및 로스팅 프로필Profile에 기초하여 커피를 차별화한다. 이 모든 속성이 결국 일반적인 커피와 진정으로 훌륭한 커피를 구별하여 '한 잔의 행복'에 이르게 한다.

Part B 활동 – 전문가처럼 커핑하기

이제 멋진 커피를 내려서 맛볼 시간이다! 이 예비 실험을 위해 스페셜티 커피협회에서 개발한 전문적인 커핑 지침을 대략적으로 따를 것이다. 전통적으로 커피는 여과를 하지 않고 맛보기 때문에 이러한 지침이 이상하게 여겨질 수도 있다. 분쇄 커피를 잔에 넣고 뜨거운 물을 부은 다음, 직접 맛을 보라! **여기서는 점수에 대해 걱정하지 말고 정성적인 느낌만 기록하도록 한다.**

　먼저 이상적으로는 약하게 또는 중간 정도로 갓 로스팅한 두 종류의 커피를 마셔야 한다. SCA에 따르면, 24시간 이내에 로스팅하여 최소 8시간의 휴지 시간을 가진 원두여야 한다. 고품질 커피는 최대 2주 전에 로스팅한 원두로 추출할 수 있지만, 어떤 원두를 구입할 것인지 결정하는 것도 전문적인 커핑에 포함된다(따라서 보통 커핑 전날 로스팅하는 것이다).

　로스팅한 원두의 향과 녹색 생두의 향을 비교해 보라. 그 차이는 뚜렷하다! 원산지가 다른 두 생두의 향 차이를 알아차릴 수 있는가?

　컵 자체에도 특정 요건이 있다. (주변에 있는 오래된 머그컵은 사용하지 마라.) 컵은 흰색 도자기나 강화 유리로 만들어진 것으로 약 5~6oz(약 150~180mL)를 담을 수 있고 직경은 약 3~3.5인치(약 7.5~8cm)여야 한다. 맛을 볼 컵은 모두 동일한 것이어야 한다. 왜냐하면 사람의 감각은 컵의 모양, 색 또는 느낌에 의해 영향을 받을 수 있기 때문이다. 더 큰 컵을 사용하는 경우에는 커피와 물의 양도 그만큼 늘려야 한다.

　원두는 미리 갈아 두지 않는 것이 더 좋다. 사실 분쇄 후 시간이 짧을수록 추출하기 더 좋다. 갓 분쇄한 커피에서 놀라운 향기가 나는 것은 휘발성 있는 물질이 공기 중으로 사라지고 있다는 뜻이다. 우리는 가능한 많은 향기를 지키려 한다. 분쇄도는 드립 커피 메이커에서 일반적으로 사용하는 것보다 약간 더 굵은 것을 권장한다. 바라짜 엔코 그라인더에서는 약 20으로 설정하면 된다.

분쇄한 커피 9g을 컵에 넣고 물을 93℃까지 가열하기 시작한다. 물이 끓는 동안 갓 분쇄한 커피의 향을 맡아 보라. 이 섹션 끝에 있는 데이터 표에 향에 대한 느낌을 기록하라. 커피 플레이버 휠(보너스 1 참조, 커피 풍미 특성표)은 일반적인 '커피 향' 이상의 향을 식별하는 데 도움이 될 것이다. 예를 들어 열매나 과일 향으로 유명한 커피도 있고, 초콜릿이나 견과류 향을 가진 커피도 있다.

물의 온도가 93℃가 되면, 컵이 가득 찰 때까지(약 150g) 조심스럽게 물을 붓는다. 분쇄한 커피가 완전히 젖었는지 확인하라. 타이머를 설정하고 컵을 최소 3분에서 최대 5분 동안 그대로 둔다. 컵 상단의 분쇄 커피층(크러스트)을 깨뜨리고 다시 향을 맡아 보라. 공식적으로 크러스트를 걷어 내는 방법도 있는데, 추출한 커피를 휘젓지 않고 방해가 되는 고형물을 치움으로 크러스트를 긁어내는 것이다. 거품과 액체가 스푼 뒤쪽으로 흘러내리는 동안 숟가락을 컵에서 빼낸다. 마른 상태와 젖어 있을 때의 향을 맡아 보고 그 느낌을 기록하라.

커핑 순서(전문가 방식의 시음)

1. 개인당 약 9g의 분쇄 커피를 240mL 컵에 계량한다. 이것을 커피 종류마다 반복한다.
2. 컵마다 약 155g을 사용할 수 있도록 주전자에 충분한 물을 넣고 93℃까지 가열한다(3인이 각각 2컵씩 약 1kg 정도의 물을 끓인다).
3. 물을 붓기 전에 건조 상태의 분쇄 커피의 향을 평가하고 느낌을 커핑 데이터 시트에 기록한다.
4. 물의 온도가 93℃가 되면 각각의 컵에 조심스럽게 물을 채우며(약 150g) 분쇄 커피가 완전히 젖도록 한다. 타이머를 시작한다.
5. 타이머로 4분이 되면, 향을 맡으면서 숟가락을 앞뒤로 3회 훑으며 컵 상단의

'크러스트를 깨뜨린다'. 향기에 대한 감상을 적어 보라. 다른 커피도 반복한다. 아직은 뜨거우니 맛을 보지 마라.

6. 향을 맡은 후, 각 음료 위에 떠 있는 고형물을 티스푼으로 조심스럽게 떠낸다. 컵의 내용물을 섞지 않도록 하고, 추출하는 동안 스푼을 헹군다.

7. 타이머가 10분이 되면, 스푼을 사용하여 첫 번째 커피를 맛보고 풍미, 산미, 바디감, 뒷맛, 균형감을 평가한다. 큰 소리로 후루룩 소리를 내는 데 최선을 다한다! 이는 입안의 커피를 에어로졸화하여 비강에 더 많은 향을 내뿜게 한다. 당신의 느낌을 기록한다.

8. 물로 입을 헹구고, 티스푼도 헹군다. 그런 다음 다시 큰 소리로 후루룩 소리를 내며 다른 커피를 맛본다. 비교해 보니 어떠한가?

추출한 커피가 식는 동안 쓴맛과 신맛의 감각적 기준시료에 대해 알아보자. 수업을 듣는 학생이라면, 강사가 기준시료를 준비했을 것이다. 집에서 이 작업을 수행하는 경우에는, 다음의 레시피를 사용하여 참고 자료를 준비해야 한다.

쓴맛 기준시료: 물에 용해한 0.1% 카페인(예, 물 1kg에 1g의 카페인)
신맛 기준시료: 물에 용해한 1.25% 구연산(예, 물 1kg에 12.5g의 구연산)

(향미를 더하는 첨가물이 없는) 순수한 카페인 분말과 순수 구연산 분말을 구입했는지, 그리고 맛을 보기 전에 분말이 물에 완전히 용해되었는지 확인한다.

맛을 보기 위해 각 기준시료를 작은 유리잔(에스프레소 잔 또는 소주잔)에 몇 mL씩 덜고 각각의 냄새를 맡아 보라. 냄새가 나는가? 그런 다음 쓴맛 기준시료를 조금씩 마셔 보라. 깨끗한 물로 입을 헹구고 신맛이 나는 기준시료를 조금 마셔 보라. '쓴맛'과 '신맛'이 무엇을 의미하는지 확실히 이해할 때까지 몇 번 반복한다. 커피를 맛보면서 이러한 느낌을 염두에 둔다. 만약 당신이 '미식가'라면 쓴맛이 강하게 느껴질 것이다. 쓴맛 시료에 맹물을 타서 반으로 희석한 다음 다시 반으로 희석하고 각 희석액을 맛보면서 자신이 쓴맛에 얼마나 민감한지 확인해 본다.

약 10분 동안 원두가 흠뻑 젖은 상태로 둔 후 추출물을 맛볼(또는 후루룩 마셔 볼) 수 있다. 커피가 뜨겁지만, 풍미와 뒷맛에 집중하며 첫인상을 느껴 보자. 커피가 식기 시작하면 산미와 바디감에 집중한다. 이어서 균형감, 식감, 단맛을 평가한다. 온도에 따라 맛과 품질에 대한 인식이 변하므로 계속해서 맛을 보고 평가를 수정하라. 특히 커피의 쓴맛과 신맛은 어떻게 다른가? 신맛이 더 강한가, 아니면 쓴맛이 강한가?

시음이 끝나면, 주변을 청소하라. 이 실험과 관련된 보고서는 없다. 안전 시트에 서명하고 제출했는지 확인하라. 그리고 이후의 실험을 진행하려면 모든 감각적 특성(바디감, 산미, 균형감 등)의 정의를 기억해야 한다. 이 책의 궁극적인 목표는 최소한의 에너지를 사용하여 가장 맛있는 커피를 만드는 법을 디자인/설계하는 것이다. 그리고 앞으로 이 감각적 특성들로 커피를 평가하게 될 것이다!

커핑 결과지

커피 종류: _____

분쇄 커피의 향 평가: _____

추출한 커피의 향 평가: _____

풍미 평가: _____

뒷맛: _____ 산미: _____

바디감: _____ 단맛: _____

결함: _____ 균형감: _____

의견: _____

_____

_____

_____

_____

_____

_____

커피 종류: _____

분쇄 커피의 향 평가: _____

추출한 커피의 향 평가: _____

풍미 평가: _____

뒷맛: _____ 산미: _____

바디감: _____ 단맛: _____

결함: _____ 균형감: _____

의견: _____

_____

_____

_____

_____

_____

실험 1 보너스 - 왜 커피 맛이 다른 걸까?

이제 생두와 로스팅한 원두를 직접 살펴보고 냄새도 맡았으니 중요한 내용을 논의해 보자. 커피는 매우 가변적인 생물학적 물질이다! 고급 와인을 만드는 데 사용하는 포도와 마찬가지로 커피 원두도 어디서 재배되었고 수확 및 가공에 얼마나 공을 들이는지에 따라 맛의 차이가 크다. 고품질의 스페셜티 커피는 주로 해발 1000m 이상의 열대 적도 지역에서 생산된다. 커피 '콩'은 커피나무의 열매(커피 체리)의 씨앗이다. 다 자란 커피나무는 일반적으로 매년 약 10~30kg의 커피 체리를 맺으며, 1.5~4.5kg의 생두를 수확한다. 생두의 품질을 높이려면, 커피 체리가 잘 익었을 때(품종에 따라 일반적으로 밝은 빨간색, 노란색 또는 주황색) 수확해야 한다. 커피 체리는 서로 다른 속도로 익기 때문에 최적으로 익은 커피 체리를 수확하는 것은 대단히 노동 집약적인 일이다.

커피 농장(일반적으로 열대 개발도상국)의 작업자는 커피나무를 관리하여 잘 익은 체리를 수확한 다음, 과육을 제거하고 원두를 세척 및 건조한 뒤, 불량 원두를 손으로 분류해낸다. 그리고 좋은 원두는 포장하여 가장 가까운 구매자에게 운반한다. 어떤 의미에서 소비자나 상업적인 로스터가 생두를 배송 받을 때에는 대부분의 힘든 작업은 이미 끝난 상태이다.

커피 체리를 사용 가능한 생두로 가공하는 데에는 대단히 흥미로운 과학적 측면이 있는데, 주로 습식 가공 또는 건식 가공이라는 두 가지 가공 방법을 이용한다. 가공의 궁극적인 목표는 원두를 과일에서 분리하여 수분 함량을 약 12%로 줄이는 것이다. 이렇게 하면 생두를 최대 1년간 거의 품질 저하 없이 보관할 수 있어 전 세계로 쉽게 배송할 수 있다.

건식 가공에서는 재배자가 커피 체리를 햇볕에 건조한다. 3~4주 동안 체리를 몇 시간마다 헤쳐 뒤집으면서 곰팡이가 생기거나 부패하지 않도록 고르게 건조한다. 경우에 따라 며칠 후에 기계식 건조기를 사용하여 건조 과정을 가속화한다. 체리가 충분히 건조되면 겉껍질을 제거하고 커피 원두를 꺼낸다. 건식 가공은 물의 사용이 제한적인 생산지에서 사용하며 건조 과정을 기후 조건에 의존하기 때문에 변수가 더 많다. 반면 습식 가공은 손이나 과육제거기를 사용하여 수확 직후 체리의 겉껍질과 과육 일부를 제거한 후, 최종적으로 다량의 물을 사용하여 과일에서 씨앗을 분리한다. 껍질을 제거한 후에도 씨앗에는 점액질(끈적한 과일 잔여물)이 많이 남아 있으므로, 몇 시간에서 며칠 동안 보관하며 '발효'시켜 점액질을 분해·제거한다. 발효는 건식 가공 중에도 일어나지만, 세척 단계에서는 발생하지 않는다.

'발효'란 효모나 박테리아가 설탕을 (맥주의 알코올처럼) 다른 화학물질로 전환하는 생물학적 과정을 의미한다. 또한 다양한 방법으로 생산된 커피 원두들은 현저하게 다른 맛 프로필을 생성한다. 따라서 로스팅한 커피의 최종 풍미 및 향의 특성/프로필에 있어서 가장 중요한 단계는 오랫동안 커피 체리의 가공 중 발효 단계라고 알려져 왔다. 일부 재배자와 커피 가공업자는 공정의 발효를 잘 제어함으로 풍미 특성을 향상시키기 위해 (맥주나 와인에 사용되는) 다양한 효모를 첨가하는 실험을 하고 있다. 이러한 실험의 영향은 아직까지는 미미하지만, 미래에는 IPA 효모, 에일 효모, 심지어 샤르도네 효모를 사용하여 발효시킨 생두를 보게 될 것이다. 최근에는 습식/건식 공정 중 원두의 부분적 발아('원두'는 씨앗이다)가 최종 풍미에 중요한 영향을 줄 수 있어서 면밀한 연구가 이루어지고 있다. 여기서 '발아'란 씨앗이 식물이 되는 과정을 의미한다. 커피 원두의 처리 공정이 지역의 환경(습도 및 온도), 물 사용 가능 여부, 장비, 시간 및 자원의 제한을 받는 시행착오 과정 가운데 발전해 왔다는 점을 고려한다면, 우리는 앞으로 훌륭한 커피를 생산하는 더 나은 방법이 가능해질 것으로 기대한다.

요점은 생두를 준비하는 데 엄청난 육체노동과 많은 생물학적 활동이 소모된다는 것이다. 이 모든 힘겨운 작업과 흥미로운 과학적 관점에도 불구하고, 우리는 이 책의 목적을 위해 이 모든 가공이 끝난 후 커피 생두에 어떤 일이 일어나는지에 초점을 맞출 것이다. 즉 우리는 생두를 시작 물질로 취급할 것이다. 이것은 특별한 일이 아니다. 화학공정에는 대부분 어떤 방식으로든 사전 처리한 '원시' 출발 물질이 포함되어 있다. 또한 현실적으로 미국에서는 가공하지 않은 커피 체리를 구하기도 어렵다.

그러나 다음의 사항은 반드시 기억해야 한다. 커피는 생물학적 물질이기 때문에 엄청나게 가변적이다. 커피 생두는 재배하는 지역에 따라 구체적인 구성 비율이 크게 달라진다. 브라질에서 재배된 원두는 인도네시아, 에티오피아 또는 다른 곳에서 재배된

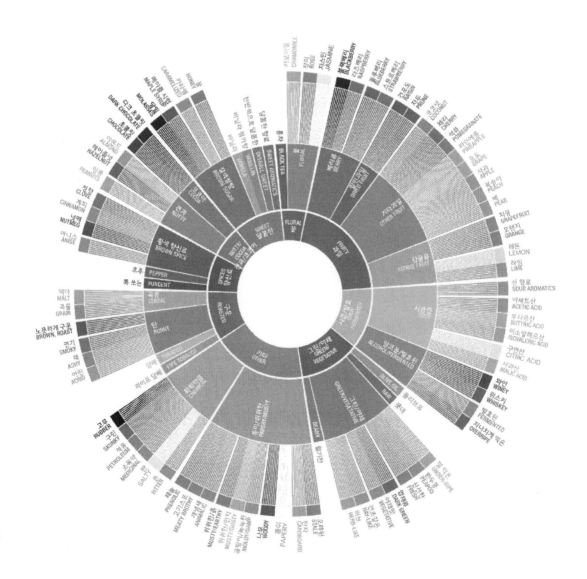

원두와 다르다. 표면적으로는 같은 농장에서 자란 동일한 커피나무의 원두라도, 토양 특성, 지역별 미세한 기후의 차이인 습도에 따라, 심지어 커피나무를 심은 고도에 따라 달라질 수 있다(많은 커피나무들이 산악 지역에서 재배된다는 점을 기억하라). 더욱이 커피 체리 가공 방법은 동일한 커피 생두를 완전히 다른 원두처럼 변화시키게 된다.

이 모든 요소들이 최종적으로 추출한 커피의 맛에 영향을 미친다! 놀라운 것은 블랙커피에서 베리, 꽃, 감귤, 초콜릿, 바닐라 등의 놀라운 맛이 날 수 있다는 사실이다. 심지어 설탕을 첨가하지 않아도 뚜렷한 단맛을 낼 수 있다. 옆 페이지의 이미지는 스페셜티 커피협회, 세계 커피 연구소, U.C. 데이비스가 협력하여 개발한 '커피 시음가의 플레이버 휠Coffee Taster's Flavor Wheel'의 일부로, 커피에서 느낄 수 있는 104가지의 다양한 맛이 정리되어 있다!

다음은 가능한 많은 풍미의 특성에 대해 알려 주기 위해 케냐(중앙아프리카 동부의 나라)의 캉구누 농업 협동조합Kangunu Farmers Cooperative Society에서 2021년에 커피에 대해 쓴 논평이다.

> 이 커피 가루는 진한 사탕수수 시럽의 달콤함과 플람베[1] 디저트처럼 캐러멜화된 설탕의 향이 뚜렷하다. 뜨거운 물을 부으면 캐러멜-바닐라의 단맛이 나는 타마린드젤리Tamarind chew[2]처럼 부드러운 과일의 특징과 흑설탕의 촉촉한 향을 지니게 된다. 이 한 잔은 다른 케냐 커피보다 평범한 것 같지만, 말린 자두, 대추야자, 그리고 말린 타마린드 등 과실의 풍미가 눈앞에 있는 듯 향기롭다. 당도가 대단히 높은데(9.3점), 압착한 사탕수수 주스, 비정제 사탕수수 설탕, 파넬라[3]가 복합된 풍미이다. 과일의 향이 은은하면서 아주 '신선'하다. 또한 약배전한 원두에는 진한 홍차의 끝맛에서 느껴지는 타닌의 기분 좋은 쌉싸래함이 있다. 톡 쏘는 레몬 향은 약배전 원두에 활기를 불어넣는다. 이것이 케냐 원두의 고유한 특징이다!
>
> 1) 알코올로 불을 붙여 향을 입히는 조리법
> 2) 타마린드로 만든 젤리. 달고 신맛이 남
> 3) 사탕수수로 만든 중남미산 조당粗糖

이것은 특수 생두의 수많은 소매 유통업체 중 하나인 스위트 마리아스의 톰 오언스 Tom Owens와 동료가 작성한 논평이다. 엄청나게 다양한 생두를 구입할 수 있는지 알아보려면, 간단히 '로스팅용 생두'를 검색해 보면 된다. 대부분의 가격은 kg당 만 5천 원에 불과하다.

배치Batch[2]마다 생두 맛이 다른 이유는 무엇일까? 모든 것은 생두의 고유한 화학적 구성과 그 분자들이 로스팅 중에 어떻게 변환되고 추출 중에 어떻게 방출되는지에 따라 달라진다. 커피에는 풍미를 만들어내는 고유하게 식별된 분자가 1,000개 이상 들어 있으며, 위에서 언급한 것처럼 재배 조건과 가공 절차의 사소한 변화로 상대적 조성이 달라질 수 있다. 로스팅 과정은 원두의 풍미 프로필의 다양한 측면을 강화하거나 약화시킬 수 있다. 더욱이 미묘한 맛(예, '메줄 대추야자' 또는 '말린 타마린드')은 대부분 휘발성이 높고 일시적이다. 로스팅 후 너무 오래 두면, 풍미는 사라지고 더 쓴 분자가 남게 된다. 대부분의 커피 애호가들은 로스팅한 커피를 밀폐용기에 보관하고 로스팅 후 약 2~7일 안에 추출할 것을 권장한다. 시간이 더 지난 후에도 커피를 추출할 수는 있지만, (앞의 논평에서 강조한 바와 같이) 미세하고 다양한 맛과 향을 간직하기가 더 어려워진다.

물론 커피를 만드는 것은 적절한 시간 내에 내리는 것이 전부가 아니다! 앞으로 여기에 설명한 것과 같이 기분 좋은 풍미를 지닌 커피를 만드는 것을 목표로 커피를 로스팅하고 추출하는 과정을 보다 과학적으로 생각해 보는 실험을 하게 될 것이다.

[2] 일정한 양의 재료를 한번에 처리하여 얻는 방식을 말한다. 일괄공정 또는 회분공정이라고도 한다.

Part 2

커피 분석하기

The Design of Coffee
: An Engineering Approach

실험 2 – 드립 커피 추출기의 역공학

■ **목표**

이번 실험에서는 드립 커피 추출 과정을 수행하며, 가장 중요한 '추출비Brew ratio'에 대해 배울 것이다. 그리고 미스터 커피 추출기를 부분적으로 분해하여 어떻게 작동하는지 공학적 관점에서 살펴볼 것이다.

■ **장비**

☐ 미스터 커피   ☐ 온도계   ☐ 드라이버

■ **활동**

☐ Part A – 커피 추출 방법을 배우고, 추출비(R_{brew})에 대해 알아보기 위해 미스터 커피로 한 번 추출해 보기

☐ Part B – 역공학을 위해 미스터 커피 부분적으로 분해해 보기

☐ Part C – 온도를 측정하며 한 번 더 추출해 보기

■ **보고서**

☐ 미스터 커피 내/외부 명칭이 포함된 사진

☐ 추출 과정의 정성적인 흐름 모식도

☐ 온도 vs. 시간의 산점도

☐ 이번 실험의 주요 질문에 대한 토론 내용

Part2 커피 분석하기 /

39

배경지식

분석과 설계(디자인)는 공학 활동의 두 가지 주요 요소이다. 공학적 분석은 관심 대상인 시스템이 어떻게 작동하는지 (일반적으로 실험적 관찰과 이론적 해석을 곁들여) 배우는 과정이다. 반면에, 공학적 설계란 특정한 목표를 달성하기 위한 공정을 개선하거나 만들기 위해 실험적, 이론적 지식을 이용하는 것을 말한다(예, 최소한의 에너지를 사용하여 가장 맛있는 커피 만들기).

이번 실험에서는 공학적 분석 방법 중 하나인 (누군가 이미 설계해 둔 공정이 작동하는 방식을 알아내는) '역공학'을 수행할 것이다. 특히 "물을 움직이게 하는 물체는 무엇인가?"라는 질문에 집중하며 일반적인 드립 커피 추출기를 역설계할 것이다. 더불어 역설계의 일환으로 '공정 흐름 모식도'를 그릴 것이다. 위 그림은 미스터 커피 위에 완전하지 않은 공정 흐름 모식도를 간단하게 덧붙인 것이다. 이번 실험의 목표는 (1) 미스터 커피를 역설계하고 (2) 커피 추출 과정의 정성적인 흐름 모식도를 만드는 것이다. 실험 3에서는 로스팅을 포함시킨 더 완전하고 정량적인 흐름 모식도를 그릴 것이다.

배경지식 – 드립 커피 추출기의 역공학

커피 추출기가 어떻게 작동하는지 있는 그대로 말해 줄 수도 있지만, 그것은 지루한 이야기가 될 것이다. 그러니 그것을 직접 확인해 보자! 다음이 커피 추출기를 살펴보면서 발견하게 될 항목들이다.

☐ **용수철 밸브**; 커피 추출기를 열기도 전에 제일 먼저 확인할 수 있는 것이다. 용수철을 누르면 밸브가 열리고 닫힌다. 이 밸브는 추출이 끝나기 전에 (주위를 어지럽히지 않고) 유리병을 뺄 수 있도록 해준다.

□ **전원 스위치**; 외부에 있어 찾기 쉽다. 안에서 보면 어떻게 보이는가? 어떻게 작동하는 것 같은가?

□ **전선**; 커피 추출기의 바닥을 열자마자, 안쪽에 전선 여러 개가 있는 것이 똑똑히 보일 것이다. 그것들을 살펴보며 다음 두 가지 질문을 생각해 보라. (1) 왜 플라스틱으로 코팅되어 있을까? (2) 왜 두 개의 전선이 가열기와 연결되어 있을까? 왜 하나의 전선으로는 전기를 공급할 수 없을까? (이것은 교묘한 질문이다!) 힌트: 우리가 전자라고 가정해 보자. 회로를 따라 어떤 길로 가게 될까? 기기에 따라 훨씬 많은 전선이 계기판 불빛이나 다른 부분으로 연결되어 있는 경우도 있다.

□ **가열관**; 금속으로 만들어진 커다란 'U'자 모양의 관이 안에 있을 것이다. 이것이 금속으로 만들어진 이유는 무엇일까? 왜 플라스틱이나 세라믹(도자기)이 아닐까? 이 가열관은 안에 든 물 외에 어떤 것을 뜨겁게 유지시키는가?

□ **전기 가열기**; 전류가 '저항'을 통과하면, 저항이 뜨거워진다. 이것은 백열전구가 과하게 뜨거워지면 빛을 발산하는 것과 동일한 현상이다.

□ **열 퓨즈**; 열 퓨즈에는 내부에 전류를 통과시킬 수 있는 가느다란 전선이 들어 있는데, 온도가 너무 높아지면 이 얇은 전선이 녹아 물리적으로 끊어지면서 전류를 차단한다(왜 커피메이커 안에 한두 개의 열 퓨즈가 필요할까?).

□ **온도조절 장치**; 커피메이커 모델에 따라 다르지만, 온도조절 장치 또는 '클릭슨 Klixon'이라는 전기 흐름 조절장치가 있을 것이다. 온도가 너무 높아지면, 온도조절 장치 또는 클릭슨이 가열기로 향하는 전기를 차단한다. 가격이 있는 추출기에는 '서미스터Thermistor'가 있을 수도 있다. '저항'은 전기의 흐름을 방해하여 전류를 낮춘다(따라서 온도가 낮아짐). '서미스터'는 온도에 따라 값이 달라지는 저항이다. 온도가 높을수록 저항값이 높아져서 전류를 낮춘다.

□ **체크밸브**; 이것은 찾기 어려운 곳에 있다(물이 이동하는 플라스틱 관 안쪽을 자세히 보라!) 원웨이 밸브로도 알려진 체크밸브는 유체를 한 방향으로만 흐르게 한다. 일반적으로, 이쪽 방향에서 누르면 열리지만 다른 방향에서 누르면 닫히는 덮개나 구슬이 내부에 있다.

배경지식 – 공정 흐름도

앞서 언급한 대로, 이 실험의 목표 중 하나는 커피를 만드는 과정을 '공정 흐름도'로 그려 보는 것이다. 공정 흐름도는 각기 다른 물질들이 여러 공정과 장비들을 어떻게 거쳐 가는지 보여 주는 일종의 공학적 지도 같은 것이라고 할 수 있다. 일반적으로, 공정 흐름도는 파이프처럼 자잘한 부분은 생략하고 장비의 중요한 부분만 보여 준다. 정유 시설과 같은 대규모 공정을 위한 공정 흐름도는 매우 복잡하다. 수천 개의 장비들과 수백 개의 '단위조작Unit operation'이 있다. 단위조작이란, 화학적 또는 물리적 변화가 일어나는 한 단계의 공정을 말한다. 예를 들어 로스터는 생두 속에서 다양한 화학반응을 일으킨다. 분쇄기는 로스팅한 원두의 평균 입자 크기를 변화시킨다. 추출기는 맛있는 커피 분자들을 뜨거운 물속으로 추출한다. 이 모든 것을 '단위조작'이라고 일컬을 수 있다. 하지만 심지어 한 개의 장비에서 여러 개의 단위조작이 동시에 존재할 수 있다. 드립 커피 추출기는 작은 구성(단위) 안에 가열, 추출, 거름의 단위조작이 결합되어 있다.

단순한 것부터 시작해 보자. 다음 그림을 보라. 이것은 우리에게 익숙한 세탁의 공정 흐름도를 단순화한 것이다! 여기에는 두 개의 '물질 흐름', 곧 (옷과 같이) 제어할 수 있는 것과 (사용한 물과 같이) 생각하지 못한 '재료 흐름'으로 구성되어 있다. 실험 3에서 다루겠지만, 가장 중요한 것은 모든 개별 단위조작에서 질량보존이 반드시 충족되어야 한다는 것이다. 세탁기 안으로 들어가는 질량과 나오는 질량이 동일한지 확인해 보라(옷을 오염시킨 물질의 질량을 알 수 있을까? 주어진 정보들에 기초하여 계산하면 가능하다).

커피 추출기는 이보다 훨씬 더 단순하지만, 여전히 고려할 것이 있다. 각 물질의 흐름에서 '무엇이 들어가고 나오는지'가 가장 중요하다. 커피 추출기로 들어가는 물질의 흐름은 분명 두 가지(찬물과 분쇄 커피)이다. 그렇다면 밖으로 나오는 흐름은 몇 가지인가? 배출되는 흐름은 적어도 셋이고 각각 화살표로 표시해야 한다. 이 질문을 염두에 두고 첫 번째 추출을 시작해 보자!

〈공정 흐름도의 예: 빨래하기〉
(들어오고 나가는 모든 물질의 흐름이 정확한 단위와 함께 보여야 한다.)

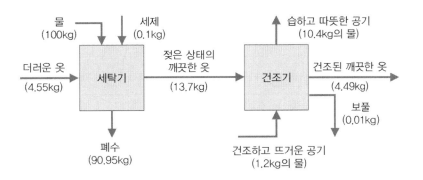

Part A – 첫 번째 커피 추출

커피를 내릴 시간이다! 먼저 원두(약 40g)를 분쇄기에 넣는다. 드립 추출의 경우 코셔 소금이나 해변의 거친 모래처럼 너무 곱지 않은 '중간' 굵기가 적절하다(바라짜 엔코 그라인더를 약 18로 설정하면 된다). 분쇄 커피의 질량을 측정하고 필터 바구니 안에 넣은 다음, (부피가 아니라) 질량으로 계량한 찬물을 커피 추출기 뒤 수조에 부어 준다. 물을 얼마나 넣었는가? 중요한 지표인 '추출비(R_{brew})'는 다음과 같이 정의된다.

$$R_{brew} = \frac{물의\ 질량}{분쇄커피의\ 질량} \tag{1}$$

추출비(R_{brew})는 추출에서 대단히 중요한 변수이다. 따라서 추출비가 조금만 달라져도 맛이 크게 변화된다는 것을 알게 될 것이다. 첫 번째 추출의 추출비는 14~19 사이의 값이 적절하다. 예를 들어 40g의 분쇄 커피와 600g의 찬물을 넣었다면, 추출비는 15이다. **추출비가 높을수록 커피가 연해짐을 기억하라!**(부록 B와 부록 C에 요약된 내용과 단위변환을 참고하라)

추출기가 작동할 때 면밀히 관찰해 보라. 무엇보다도 물통에서 올라와 분쇄 커피 위로 떨어지는 물의 움직임에 대해 생각해 보자. 다음 질문을 기억하라. 물을 위로 움직이게 하는 것은 무엇인가? 추출된 커피를 컵에 따른 뒤, 미스터 커피의 전원을 끄고 플러그를 뽑는다. 추출된 커피의 맛을 보라. 정성적인 평가는 어떠한가? '커피 플레이 버 휠'을 참고하라 – 특정한 맛과 향(노트)을 식별할 수 있는가?(실험 1에서 살펴본 커피 시음 지침을 참고하라)

첫 번째 추출한 커피 데이터

커피 종류: _____

물의 질량: _____ g 분쇄 커피의 질량: _____ g

추출비(분쇄 커피의 질량당 물의 질량):

$R_{brew} =$ _____ ÷ _____ = _____

감각평가(추출한 커피의 향과 맛은 어떠한가?):

_____

_____

_____

_____

_____

_____

_____

_____

_____

_____

물이 이동하는 이유 추측하기:

_____

_____

_____

_____

_____

_____

_____

_____

_____

_____

Part B - 커피 추출기의 부분적 분해

미스터 커피가 충분히 식으면, 기기를 부분적으로 분해하여 작동 방식을 알아볼 것이다. 아래의 지시와 질문을 참고하라.

1) 추출기의 전원을 끄고 플러그를 뽑는다. 커피 찌꺼기를 치우고 유리병을 옆으로 옮겨 둔다. 미스터 커피가 충분히 식으면 뒤집은 다음 드라이버를 사용해 바닥의 고무 지지대와 6개의 나사를 제거한다. 고무 지지대와 나사를 분실하지 않도록 빈 컵에 넣어 두면 좋다.

2) 바닥면을 제거하고 미스터 커피의 내부를 꼼꼼히 살펴보라. 각각의 구성요소들을 확인하라. 물이 어떤 원리로 이동하는지 각자의 의견을 조원들과 토론하라. 찬물이 담긴 수조를 분쇄 커피가 든 바구니로 연결하는 다양한 관을 관찰한다. **중요: 고장이 날 수도 있으니, 여기서 더 분해하거나 다른 부속을 제거하려 하지 말 것.**

3) 사진을 찍는다. 미스터 커피가 열려 있는 동안, 조원 중 한 명이 옆쪽에서 수조와 분쇄 커피 바구니가 보이도록 위에서 그리고 (모든 구성요소가 보이도록) 안쪽이 들여다보이게 찍는다. 이 사진들은 결과 보고서를 작성할 때 반드시 첨부하라.

4) 사진을 다 찍었다면, 다음의 질문에 답한다. 조원들과 함께 40~41페이지의 리스트를 확인하라.

5) 전선이 집히지 않게 주의하며, 미스터 커피를 다시 조립한다.

역공학 안내 사항

커피메이커의 밑면을 제거한 후, 내부를 면밀히 조사하고 사진을 찍는다. 40~41페이지의 중요 요소들을 기억하라.

1) 첫째, 물의 이동 경로를 추적하라.

내부에 펌프 또는 움직이는 부속품이 있는가?: _____

_____

_____

고무관 안에 있는 '체크밸브'를 찾아보라. 체크밸브는 물이 어느 방향으로 흐르게 하는가?:

_____

_____

2) 다음으로 회로를 살펴보자.

전기 가열기는 어디에 있는가?: _____

_____

_____

_____

왜 물이 있는 곳이 아니라 그곳에 위치해 있을까?:

_____

_____

전선이 가열기 양끝에 연결되어 있는 이유는 무엇일까? 어째서 전선 한 가닥으로는 전기를 전달할 수 없을까?:

_____

_____

_____

플러그에 연결된 전선과 가열기 사이에 적어도 한 개의 '퓨즈'가 있고, '온도조절 장치'는 가열기에 붙어 있을 것이다. 퓨즈와 가열기가 거기에 위치한 이유는 무엇이고 그 역할은 무엇일까?:

_____

_____

_____

3) 물과 전기의 이동 경로를 관찰했다면, 이제 어떤 힘이 물을 분사기까지 이동시키는지 생각해
보자. 물이 끓으면서 발생한 증기가 위로 올라가는 것일까? 그것을 어떻게 확인할 수 있을까?
만약 물이 증기 때문에 올라가는 것이 아니라면, 무엇이 뜨거운 물을 위로 올라가게 하는 걸
까?(물이 기화될 때, 즉 기포가 팽창할 때 무슨 일이 벌어지는지 생각해 보라. 그것은 부피가 500배 이상
증가한다!) 만약 그 위치에 체크밸브가 없다면, 커피를 추출할 때 어떤 일이 벌어지게 될까?:

_____

_____

_____

_____

_____

_____

_____

_____

_____

_____

_____

_____

_____

_____

_____

_____

_____

_____

_____

Part C – 두 번째 추출과 온도 측정

마지막으로, 다음 두 가지 목표를 가지고 다시 커피를 추출해 보자. (1) 물, 분쇄 커피, 추출물(커피), 그리고 젖은 분쇄 커피(커피 찌꺼기)의 질량 측정하기. **(2) 물이 중력을 거슬러 위로 이동하는 메커니즘에 대한 조원들의 추측 혹은 가설 시험해 보기.** 온도계를 이용하면 도움이 될 것이다! 만약 첫 번째 커피가 너무 '연하거나' '진했다면', 커피와 물의 비율 또는 분쇄도를 조절하여 맛을 향상시킬 수 있다.

1) 미스터 커피에 투입한 분쇄 커피와 물의 질량을 면밀히 측정하라.

2) 커피를 추출하는 과정 내내 적절한 위치에서 시간에 따른 온도를 측정하라. 힌트: 물이 스프레이 노즐로 이동하는 이유를 이해하려면 스프레이 노즐에서 떨어지는 물의 온도를 측정해 보라. 15초마다 기록할 것을 추천한다(다음 페이지의 양식 참고). 온도는 무엇을 말해 주는가?(물의 끓는점이 100℃라는 것을 기억하라) 추출이 끝난 후, 유리병 안에 든 커피의 질량을 측정한다. 또한 '쓰고 남은' 커피 찌꺼기의 질량을 꼼꼼하게 측정한다. 추출하는 동안 분쇄 커피의 질량은 늘었는가 줄었는가? 마실 수 있는 커피의 양은 얼마인가?

3) 두 번째 추출한 커피의 맛은 첫 번째 것과 유사한가? 그렇지 않다면, 그 이유는 무엇인가? 실험 1의 커피 플레이버 휠과 시음 지침을 참고하라.

두 번째 추출한 커피 데이터

커피 종류: _____

빈 유리병의 질량: _____ g

물의 질량 : _____ g 분쇄 커피의 질량: _____ g 추출비: _____

거름종이와 플라스틱 바구니의 질량: _____ g

커피가 든 유리병의 질량: _____ g

실제 추출된 커피의 질량 = 커피가 든 유리병의 질량 − 빈 유리병의 질량

실제 추출된 커피의 질량 = _____ − _____ = _____ g

커피 찌꺼기, 거름종이, 플라스틱 바구니를 합한 질량: _____ g

커피 찌꺼기의 질량 = _____ − _____ = _____ g

감각평가: _____

_____

_____

_____

두 번째 추출물의 온도 데이터

온도측정기가 기기에 바르게 꽂혀 있는지 확인하라. 긴 것을 큰 구멍에 연결해야 한다. 만약 온도계의 값이 음수이거나 너무 낮게 나온다면, 반대로 연결한 것이다!

시간(초)	온도(°C)	시간(초)	온도(°C)
(첫 번째 방울)			

(마지막 칸은 마지막 방울이 떨어질 때 기록한다.)

실험 보고서

각 조는 정해진 기한 내에 다음 네 가지 요소가 포함된 보고서를 제출해야 한다. 1) 미스터 커피의 구조와 명칭을 보여 주는 사진, 2) 정성적인 흐름 모식도, 3) 온도 vs. 시간의 산점도, 4) 미스터 커피 내부에서 물이 올라가는 원리에 대한 논의.

1) 파워포인트를 열고 잘 찍은 미스터 커피 사진 세 장―측면 사진, 뚜껑 위쪽에서 내려다본 사진, 바닥에서 내부를 들여다본 사진―을 불러온다. 다음으로, 미스터 커피의 모든 구성요소에 이름을 붙인다. 선명한 빨간색 화살표와 가독성이 좋은 글자를 사용하라(힌트: '수조/물통', '유리병', '가열판', 그리고 '거름망' 등은 중요한 명칭이다). 40~41페이지에 있는 모든 요소들을 표시했는지 확인하고, 각각의 용도와 기능에 대해 간략하게 설명하라(최대 한 구절 또는 문장). 작아도 눈에 띄는 서체를 사용하여 십여 개를 붙이면 끝이다.

2) 커피메이커의 '공정 흐름도'를 그린다. 로스팅된 커피 원두에서 시작하여 유리병에 가득 담긴 커피로 끝나면 된다. 43페이지의 공정 흐름도(세탁)를 참조하라. 각각의 단위조작(예, '분쇄기', '거름' 등)은 단순한 사각형으로 그려 넣는다. 그러나 각 단위공정으로 들어가고 나오는 모든 물질 흐름을 화살표로 표기하는 것이 더 중요하다. 폐기물(예, 커피 찌꺼기)의 흐름을 그리는 것도 잊지 않도록 한다. 가장 중요한 것은 미스터 커피 안의 분쇄 커피와 물의 질량, 그리고 배출되어 나온 질량(축축한 커피 찌꺼기와 마실 수 있는 커피)을 측정하여 기록하는 일이다. 실험 3에서는 이 그림에 더 상세하게 살을 붙이게 될 것이다.

3) 부록 A의 '데이터 표기' 부분을 살펴보라. 그리고 엑셀 또는 구글 시트를 이용해 측정한 온도값을 입력하고 온도 vs. 시간의 '산점도'를 생성하라. 축의 이름과 적절한 단위를 표기하고, 별도의 파워포인트 슬라이드에 이 산점도를 붙여 넣는다.

4) 마지막 슬라이드에는 글상자를 삽입하고 다음 질문에 명료하고 간략하게(최대 10문장) 답한다. 질문: 무엇이 물을 위로 움직이게 하는가? 체크밸브는 왜 존재하는가? 온도 측정 결과는 작동 원리에 대해 무엇을 말해 주는가? 미스터 커피의 설계자는 왜 이 방식을 사용하여 물을 가열하고 이동시킨 걸까?

실험 2 보너스 – 놀라운 약, 카페인Caffeine

커피, 차, 탄산음료, 초콜릿 등 카페인을 보충하는 방법에는 여러 가지가 있다. 그렇다면 카페인은 무엇인가? 화학적인 용어로, 카페인은 오른쪽에 보이는 분자구조처럼 탄소(C), 질소(N), 산소(O), 그리고 수소(H)가 배열되어 구성된 '유기물'이다. 여기서 언급한 '유기물Organic'[3]이란 화학적인 방법 중 하나로 탄소를 포함하고 있는 화합물을 의미한다. 화학식이 부담스럽게 보일 수도 있지만($C_8H_{10}N_4O_2$), 카페인은 *Coffea arabica* 등 많은 식물들이 벌레를 피하기 위해 생산하는 천연 독성 물질이다. 다행스럽게도, 포유류에게는 졸음 감소, 빠르고 명료한 사고 흐름, 집중력 증가, 신체 협응력 향상 등 긍정적인 정신자극 효과가 있다.

커피 한 잔을 마시면 카페인을 얼마나 섭취하는 것일까? 커피의 종류와 추출 방식에 따라 다르지만, 240mL 한 잔에는 75~175mg의 카페인이 함유되어 있다. 카페인 분자는 (매우 안정적이어서) 로스팅 중에 파괴되지 않기 때문에, 로스팅 강도는 카페인 함유량에 영향을 주지 않는다. 경험적으로 커피 한 잔에는 약 100mg의 카페인이 포함되어 있다. 카페인의 치사량은 10g이기 때문에 '일반적으로 안전하다고 여긴다.' 이 정도를 섭취하려면 커피 100잔을 연거푸 마셔야 한다!

커피에 비해, 일반적인 (일반 또는 다이어트) 콜라에는 조금 적은 25~45mg의 카페인이 함유되어 있다. 홍차에는 (240mL 기준으로) 약 50mg, 녹차에는 약 25mg이 함유되어 있다. 일반적인 다크(70%) 초콜릿은 60g당 약 80mg, 따라서 전체 240g에는 320mg이 함유되어 있다. 초콜릿의 카페인 함유량은 코코아 '콩'(커피 생두처럼 씨앗)의 양으로 결정된다. 다크 초콜릿은 코코아 '콩'의 함량이 높아서 카페인 함량도 높다. 성인은 다양한 음식을 통해 평균적으로 하루에 300mg의 카페인을 섭취한다.

커피의 카페인 함량 범위는 아라비카와 (*Coffea*의 다른 품종인) 로부스타Robusta의 카페인 함량 차이에서 기인한다. 특제 혹은 고급 커피들은 대체로 아라비카 종이다. 아

---

[3] 영어 Organic은 유기물(화학), 유기농(식품)의 뜻을 모두 가지고 있다.

라비카 품종이 훨씬 좋은 풍미를 가지고 있다고 여겨지고, 카페인은 로부스타의 절반, 수크로스(자당) 함유량은 두 배이기 때문이다(수크로스는 놀라운 맛과 향을 내는 로스팅 반응에서 핵심적인 역할을 한다). 로부스타의 카페인 비율은 약 2.7%로 아라비카(약 1.5%)에 비해 분명히 더 '강력하다Robust'. 만약 값싼 즉석커피를 마신다면, 로부스타 원두일 가능성이 크다. 전 세계에서 재배되는 커피의 약 70%는 맛도 좋고 가격도 더 비싼 아라비카이다.

카페인이 '신비로운 약'으로 불리는 이유는 무엇일까? 믿거나 말거나, 카페인의 효과에 대한 광범위한 연구가 군대의 여러 부서에서 수행되었다. 군사적 상황에서 기민함을 유지하는 것은 사느냐 죽느냐의 문제이기 때문이다. 카페인은 다른 자극에 비해 가장 안전한 것 중 하나로 여겨진다. 남용과 부작용으로 인한 사고가 매우 적고 대부분의 사람이 경험해 봤으며, 수면 부족으로 인한 인지장애 완화에 도움이 된다고 알려졌고, 심지어 근력과 지구력을 향상시킨다. 카페인이 포함된 음료나 알약을 먹고 최대 효과를 내려면 약 30~45분이 소요된다. 이렇게 지체되는 것을 극복하기 위해 리글리Wrigley와 월터 리드 육군 연구소Walter Reed Army Institute of Research는 5~10분 만에 신체 체계에 도달할 수 있는 카페인이 함유된 '스테이 알터Stay alter' 껌을 개발했다. 이것은 빨리 기운을 차려야 할 때 큰 도움이 된다.

The Design of Coffee
: An Engineering Approach

실험 3
– 공정 흐름도와 커피의 물질 수지

▣ **목표**

이번 실험의 가장 중요한 목표는 "커피를 만들 때, 생두의 초기 질량은 최종적으로 어떻게 변하는가?"에 답을 하는 것이다. 이 문제에 답하기 위해 로스팅과 추출 과정에서 각각의 물질 흐름의 질량을 꼼꼼하게 측정하고, 모든 단위조작을 포함하는 완벽한 공정 흐름도를 완성할 것이다.

▣ **장비**

☐ 미스터 커피   ☐ 가정용 커피 로스터   ☐ 채반과 붓   ☐ 눈금 실린더

▣ **활동**

☐ Part A – 물질 수지와 R_{abs}(흡수율)을 측정하기 위한 네 번의 추출
☐ Part B – 질량과 부피의 변화를 측정하기 위해 한 번 로스팅하기

▣ **보고서**

☐ 정량적 공정 흐름도와 물질 수지
☐ 물질 수지Mass balance 계산의 요약
☐ m_{brew} vs. $m_{grounds}$ 의 산점도와 R_{abs} 을 위한 최적 기울기 찾기
☐ 로스팅 전후 부피의 변화를 보여 주는 사진
☐ 주요 질문에 대한 논의

배경지식

이전 실험에서 논의했다시피, '단위조작'이
란 화학적 또는 물리적 변화를 수반한 공정
의 각 단계들을 말한다. 커피를 만드는 공정
은 매우 다양한 단위조작들이 관련되어 있
다. 로스터는 생두 내부에 다양한 화학반응
을 일으킨다. 분쇄기는 원두의 크기를 물리
적으로 변화시킨다. 추출기는 맛있는 커피
분자를 뜨거운 물속으로 추출하고 필터는
잔류 고형물을 걸러낸다.

규모에 상관없이 모든 단위조작은 근본적인 관점에서 반드시 **질량이 보존**되어야
한다. 다시 말해 만약 100g을 단위 공정에 투입했다면 최종적으로 반드시 100g이 나와
야 한다. 이것은 너무 당연해 보이지만, 만약 여러 개의 질량 흐름이 같은 단위 공정에
출입하는 경우 까다로워진다. 예를 들어 드립 커피 추출기는 들어가는 흐름은 둘(분쇄
커피와 찬물)이지만, 나가는 흐름은 1) 마실 수 있는 커피, 2) 커피 찌꺼기, 3) 휘발성 기
체들(수증기, 이산화탄소, 휘발성 유기화합물VOCs, 공기 중에 향을 내는 분자), 셋이다. 이들
두 흐름의 존재는 심오한 결과를 낳는다. 우리가 300g의 찬물을 넣어도, 300g의 커피
를 얻을 수 있는 것이 **아니다!** 물의 일부를 다른 폐기 흐름으로 '잃기' 때문이다.

따라서 대량으로 (디자인 콘테스트를 위해 1L 정도의) 커피를 만드는 공정을 설계하고
싶다면, 먼저 질량 흐름이 어떻게 시스템을 통과하며 흐르는지 분석해야 한다. 중요
한 질문은 특정한 양의 커피를 얻기 위해 어느 정도의 물과 분쇄 커피가 투입되는지,
또 얼마만큼의 커피를 로스팅해야 하는지이다.

추출을 위한 물의 질량수지

먼저 드립 추출기 안에 있는 물의 질량에 집중해 보자. 즉 질량 보존에 대한 방정식은

$$들어간 물의 질량 = 배출된 물의 질량 \qquad (1)$$

이다.

투입하는 물의 흐름은 하나이지만, 물이 포함되는 배출 흐름은 세 가지이다. 식 (1)의 의미는 다음과 같다.

$$m_{feed} = m_{brew} + m_{spent} + m_{evap} \qquad (2)$$

여기서, m_{feed}는 추출기에 넣은 찬물의 질량, m_{brew}는 추출한 커피의 질량, m_{spent}는 사용하고 남은 축축한 커피 찌꺼기 속 물의 질량, m_{evap}는 대기 중으로 증발되어 잃어버린 질량이다. 중요한 것은 이 식의 각 항들이 오직 물의 질량만을 나타낸다는 점이다. 따라서 m_{spent}는 물에 젖은 분쇄 커피, 곧 축축한 커피 찌꺼기의 질량이 아니라, 그중 오직 물의 질량만을 말한다.

식 (2)는 아직은 유용하지 않지만, **단순화 가정**을 통해 유용하게 만들 수 있다. 우선 대부분의 상황에서 증발로 잃는 질량(m_{evap})은 매우 적기 때문에 무시할 수 있다(이것이 옳은 가정인지 이번 실험에서 확인할 것이다). 두 번째, 추출된 커피는 약 99%가 물이라고 한다. 즉 추출된 커피에 녹아 있는 고형분의 질량비율은 1%에 불과하다는 것이다. 따라서 우리는 추출된 커피 안에 있는 고형분의 질량을 무시하고 전체가 물의 질량이라고 가정할 것이다(우리는 실험 6에서 커피 고형분에 다른 질량수지를 적용하고 추출한 커피 속에 든 고형분의 질량을 측정해 볼 것이다).

세 번째, 무엇보다도 사용한 분쇄 커피 안에 '남아 있는' 물의 양이 얼마인지 알아야한다. 종이 타월이 물을 많이 흡수할 수 있는 것과 마찬가지로, 분쇄 커피도 유한한 '흡수' 용량을 가지고 있다. 대략적으로 커피 찌꺼기가 흡수한 물의 질량은 단순히 분쇄 커피의 초기 질량에만 비례한다고 하자. 그러면 다음과 같다.

$$m_{spent} = R_{abs} \times m_{grounds} \tag{3}$$

여기서, R_{abs} 는 '흡수율'이고 분쇄 커피의 질량당 축축한 커피 찌꺼기에 흡수된 물의 질량의 비율을 나타낸다. 즉

$$R_{abs} = \frac{커피\ 찌꺼기\ 속에\ 흡수된\ 물의\ 질량}{분쇄커피의\ 질량} \tag{4}$$

만약 식 (3)을 식 (2)에 대치해 넣고 증발로 잃은 질량을 무시한다면, 유용한 예측식을 얻을 수 있다.

$$m_{brew} = m_{feed} - (R_{abs} \times m_{grounds}) \tag{5}$$

즉 우리가 마실 수 있는 커피의 양을 알고 싶다면 다음 세 가지를 알아야 한다.

    i) 추출기에 넣은 차가운 물의 양, m_{feed}

    ii) 분쇄 커피의 양, $m_{grounds}$

    iii) R_{abs} 의 수치적 값

이 실험의 주요 목표는 실험적으로 R_{abs} 을 측정하는 것으로, 동일한 양의 차가운 물에 분쇄 커피의 질량을 바꿔 가면서 체계적으로 측정할 수 있다. 추출할 때마다 R_{abs} 을 계산하는 것보다 정밀한 계산방식을 수행할 것이다. 식 (5)는 고등학교에서 배운 것과 같은 '일차방정식'의 형태다. 추출된 커피(m_{brew})의 양을 세로축, 사용한 분쇄 커피의 양($m_{grounds}$)을 가로축으로 하는 직선 도표를 얻을 것인데, 이 도표의 절편은 m_{feed}, 기울기는 $-R_{abs}$ 와 같을 것이다(도표를 그리는 방법에 대해서는 부록 A를 참고하라). 이 과정으로 최적의 R_{abs} 을 얻을 수 있다.

로스팅의 질량수지

공정 흐름도를 완성하려면, 로스팅에 대해서도 알아야 한다. 질량보존의 법칙은 로스팅에도 동일하게 적용된다.

$$투입된\ 커피의\ 양\ =\ 배출된\ 커피의\ 양 \tag{6}$$

추출과 마찬가지로, 로스팅에도 여러 개의 배출 흐름이 있다. 가장 확실한 것은 로스팅한 원두이다. 첫 번째 로스팅 과정 중에 생두 표면의 종이 같은 겉껍질, 곧 '채프 Chaff'가 떨어져 나온 것을 보게 된다. 가정용 작은 로스터에서는 보통 로스터의 배기구 (건조기의 보풀망 같은) 필터가 부착된 통에 채프가 걸린다. 대형 상업용 로스터에서는 배출 공기의 소용돌이 운동으로 채프를 빈 통으로 보내는 '사이클론 분리기'에 채프가 걸린다. 마지막으로, 로스터에서 나가는 질량흐름은 배출 가스이다. 추출 질량수지에서는 휘발성 가스의 양이 너무 적어 무시했지만, 로스팅에서는 고온에 도달하면 로스팅 반응이 진행되는 동안 상당한 비율의 질량을 수증기, 이산화탄소, 다른 VOCs (휘발성 유기화합물)로 잃게 된다.

이 모든 것을 포함하여 식 (6)을 정리하면,

$$m_{green} = m_{roasted} + m_{chaff} + m_{gas} \tag{7}$$

이 된다.

여기서 m_{green}은 생두의 초기 질량, $m_{roasted}$는 로스팅 후 원두의 질량, m_{chaff}는 로스팅 중 모인 채프의 질량, 그리고 m_{gas}는 로스팅 중 빠져나간 모든 기체의 질량이다.

처음 세 가지는 측정하기 쉽지만, m_{gas}는 직접적으로 측정할 수 없다. 그래도 문제 없다. 이번 실험에서 간접적으로 측정해 볼 것이다!

Part A - 추출의 질량수지

1) 먼저 로스팅한 원두 약 65g을 측정한 다음 한꺼번에 분쇄한다. 이것은 Part A의 실험에 균일한 분쇄도를 사용하기 위함이다.

2) 빈 유리병과 거름종이를 넣은 빈 바구니의 질량을 측정한다. 이 값은 나중에 사용할 것이다.

3) 300g의 찬물을 추출기 안에 넣고, 분쇄한 커피 20g을 필터 바구니 안에 넣는다(나머지 45g은 옆에 둔다). 추출을 시작하기 전에, 전체 추출기의 질량을 측정하여 기록한다. **반드시 전선을 뽑고 저울에 올리도록 한다.** 전선이 당기는 정도에 따라 측정값이 달라질 수 있다. 이 값을 추출이 끝난 후의 질량과 비교할 것이다. 이 수치는 손실된 가스(증기 등)의 질량에 대해 무엇을 알려 주는가?

4) 추출이 끝난 후, (과정 3)에서와 마찬가지로) 추출기의 전체 질량을 다시 측정한다. 그런 다음 커피가 든 유리병을 분리하여 질량을 측정하라. (축축한 커피 찌꺼기가 든) 플라스틱 바구니의 질량도 측정한다.

5) 커피 맛을 보라 - 맛이 어떠한가?

6) 과정 3)과 5)를 세 번 더 반복한다(과정 4)는 반복할 필요 없다). 매 실험에서 정확히 300g의 찬물을 사용하되, 분쇄 커피의 질량을 바꿔 본다. 두 번째 추출은 30g, 세 번째 추출은 10g, 네 번째와 마지막 추출은 5g을 추천한다. 매번 추출한 커피의 질량을 정확하게 기록한다. 추출비는 맛에 어떤 영향을 미치는가?

첫 번째 추출물의 데이터(그리고 흐름도)

커피 종류: _____

빈 유리병의 질량: _____ g

바구니와 거름종이의 질량: _____ g

찬물의 질량: _____ g 원두의 질량: _____ g 추출비: _____

추출 전 추출기의 질량: _____ g

추출 후 추출기의 질량: _____ g

증발로 잃은 질량: _____ − _____ = _____ g

추출된 커피와 유리병의 질량: _____ g

추출된 커피의 질량: _____ − _____ = _____ g

바구니, 사용한 필터와 분쇄 커피의 질량: _____ _____ g

축축한 커피 찌꺼기의 질량: _____ − _____ = _____ g

감각평가: _____

두 번째 추출물의 데이터

찬물의 질량: _____ g 원두의 질량: _____ g 추출비: _____

추출된 커피와 유리병의 질량: _____ g

추출된 커피의 질량: _____ − _____ = _____ g

감각평가: _____

_____

_____

_____

_____

_____

_____

_____

_____

_____

세 번째 추출물의 데이터

찬물의 질량: _____ g 원두의 질량: _____ g 추출비: _____

추출된 커피와 유리병의 질량: _____ g

추출된 커피의 질량: _____ − _____ = _____ g

감각평가: _____

_____

_____

_____

_____

_____

_____

_____

_____

_____

네 번째 추출물의 데이터

찬물의 질량: _____ g 원두의 질량: _____ g 추출비: _____

추출된 커피와 유리병의 질량: _____ g

추출된 커피의 질량: _____ − _____ = _____ g

감각평가: _____

_____

_____

_____

_____

_____

_____

_____

_____

_____

Part B – 로스팅의 질량수지

1) 카페인의 기운을 충분히 느꼈다면, 이제 로스팅으로 시선을 돌려 보자. 로스터의 올바른 사용을 위해 안전수칙을 점검하라. 생두 120g을 측정하여 부피 실린더에 넣는다. 생두의 부피는 얼마인가? 부피가 잘 보이도록 흰색 종이 몇 장을 배경으로 하여 생두가 든 부피 실린더 사진을 찍는다.

 안전수칙: 로스터에는 너무 많거나 적은 양의 생두를 넣지 않는다. 너무 많은 원두가 들어가면, 제대로 회전하지 못해 화재를 일으킬 수 있다. 마찬가지로 너무 적은 양을 투입해도, 너무 빨리 가열되어 화재가 발생할 수 있다. **최대치는 생두 약 130g이다.** 로스터 작동 중에는 자리를 뜨지 않는다. 연기가 많이 나는 경우, 즉시 'Run/Cool' 버튼을 눌러 로스터를 멈춘다!

2) 팬 7, 파워 7, 시간 5.0으로 설정하여 약하게 로스팅하라. 로스팅의 마지막 3분은 냉각 과정이기에, 총 작동 시간은 8분이다. **로스팅 과정 중 원두를 관찰하라!** 적절한 로스팅 시간은 생두의 수분 함량과 전기회로의 전압에 크게 좌우되는데, 전압은 전기 콘센트에 따라 차이가 클 수 있다. 첫 번째로 갈라지는 소리가 들릴 때 **색을 관찰해 보라.** 이것을 통해 타이머보다 더 많은 정보를 알 수 있다.

3) 다음으로, 빈 금속 그릇의 질량을 측정한다. 이제 여기에 채프를 모을 것이다. 로스터의 냉각 과정이 끝난 뒤, 조심스럽게 **뜨거운** 뚜껑을 금속 그릇으로 옮긴다. 채프 대부분은 로스터 내부에 있다. 뚜껑을 열고 조심스럽게 붓질을 하여 채프를 금속 그릇에 모은다.

4) 이어서 금속 채반을 금속 그릇 위에 얹은 다음, 로스팅한 원두를 쏟아 부어 헐거워진 채프를 회수한다. **중요:** 이번 실험에서 채프 전체 질량을 반드시 측정해야 한다(다음 실험부터는 채프를 모으지 않을 것이다. 사실 채프에는 몸에 좋은 다량의 항산화제가 들어 있어 굳이 제거할 필요가 없다). 조심스럽게 로스터 내부에 있는 채프를 전부 모은다.

5) 모아 둔 채프의 질량을 측정한다(빈 그릇의 질량을 뺀다). 로스팅한 원두의 질량도 측정한다. 채프의 질량은 고려할 만한가 아니면 무시해도 될 정도인가? (대부분의

저울은 최소한의 측정 오차를 가지고 있다. 적절히 무거운 용기를 사용하지 않으면, 채프 질량을 측정할 수 없다)

6) 로스팅한 원두를 다시 부피 실린더에 붓는다. 측정한 부피는 얼마인가? 부피는 얼마나 커졌는가? 원두가 든 부피 실린더의 사진을 찍는다. 어떤 종류의 로스팅이라고 생각되는가? 로스팅한 원두의 향을 맡아 보라. 아직은 향이 강하지 않겠지만, 이후 며칠간 향이 더 풍성해질 것이다. 원두의 맛을 보라.

7) 로스팅한 원두가 <u>완전히 식으면</u>, 보관용 팩에 옮겨 담고, 그 위에 조 이름, 샘플 번호를 기록한다. 뜨거운 원두로 인해 팩 일부가 녹으면서 불쾌한 향을 일으킬 수도 있으니 충분히 식을 때까지 기다린다.

로스팅 데이터

커피 종류: _____

생두의 질량: _____ g 생두의 부피: _____ mL

로스터 세팅: _____ 로스팅 시간: _____ 분

로스팅한 원두의 질량: _____ g 로스팅한 원두의 부피: _____ mL

빈 그릇의 질량: _____ g 그릇과 채프의 질량: _____ g

채프의 질량: _____ − _____ = _____ g

휘발성 기체로 손실된 질량: _____ − _____ − _____ = _____ g

관찰 기록: _____

_____

_____

_____

_____

_____

_____

_____

_____

_____

_____

_____

_____

_____

_____

_____

_____

_____

_____

_____

_____

실험 보고서

정해진 기한까지, 각 조는 다음 다섯 가지가 포함된 보고서를 제출해야 한다. (1) 여러 가지 물질의 모든 질량수지를 반영한 정량적인 공정 흐름도, (2) 간략한 질량수지 계산 결과들, (3) m_{brew} vs. $m_{grounds}$ 의 산점도, (4) 로스팅 전/후 사진, 그리고 (5) 조별 관찰 결과에 대한 간략한 논의.

1) 지난주에 그린 정성적인 '커피 공정 흐름도'를 열고, 필요한 만큼 수정하여 로스팅을 포함하는 흐름도를 완성하라(43페이지의 공정 흐름도를 참고하라). 첫 번째 추출 데이터를 사용하여 정량적 질량 측정 결과(수치적 값들)를 삽입한다. 여기서는 오직 커피의 고형분과 물의 흐름에만 초점을 맞출 것이다. 반드시 버리는 물의 흐름도 포함시켜야 한다. 단위(예, g)와 함께 수치를 삽입한다! 생두에서 한 잔의 커피까지 도표에 표기한다. 추출에 사용한 것보다 더 많은 양의 원두를 로스팅했지만, 남은 양을 '보관'으로 처리하면 질량수지가 맞을 것이다. 심지어 질량의 흐름을 직접 측정하지 않더라도, 질량보존의 법칙 및 식 (2)와 (7)을 이용해 질량을 얻을 수 있다.

2) 두 번째 페이지에는 질량 측정 결과를 적는다. 실험 중에 측정한 것을 구체적으로 파악하기 쉽게 기록하라. 직접 기록해도 되고 스캔본이나 사진 등을 파워포인트에 삽입해도 좋지만, 엑셀을 사용하는 게 더 쉬울 것이다(과정 3) 참고).

3) 엑셀에서 실험값을 이용해 m_{brew} 을 세로축으로, $m_{grounds}$ 를 가로축으로 하는 산점도를 그려라. 내장된 선형 피팅을 이용해 '최적 추세선'을 그리고 기울기를 확인하라. 기울기는 음의 R_{abs} 이다(부록 A의 중요한 엑셀 사용 팁을 참고하라).

4) 다음 페이지에 원두의 로스팅 '전/후' 사진을 첨부하라. 부피는 몇 퍼센트 변했는가?

5) 마지막 페이지에는 다음 질문에 답한다.

   ⅰ) 이번 실험은 추출 중 흡수율에 대해 무엇을 말해 주는가? 실험을 통해 얻은 R_{abs} 값은 얼마인가? 예를 들면, 600g의 찬물과 50g의 분쇄 커피로 얼마의 커피를 만들 수 있는가?

   ⅱ) 추출 중 수증기나 기체 형태로 잃어버린 물의 양은 얼마인가? 잃어버린 양은 전체 질량수지에서 중요한가 아니면 무시할 만한 비율인가? 앞에서 다룬 단

순화 가정은 적절한가?

iii) 로스팅 과정에서 생두가 잃어버린 질량은 얼마인가? 껍데기/채프의 비율은 얼마인가? 나머지 질량은 어떻게 되었는가? 이 답은 약배전과 강배전에서 모두 동일한가?

실험 3 보너스 – 사용하고 남은 커피 찌꺼기는 어디로 갈까?

커피를 추출할 때마다, 우리는 두 가지를 얻는다. 한 가지는 환상적인 한 잔의 커피이고, 나머지는 사용하고 남은 커피 찌꺼기다. 우리는 모두 한 잔의 훌륭한 커피로 무엇을 해야 하는지는 알지만, 사용하고 남은 커피 찌꺼기로는 무엇을 할 수 있는지 모른다. 이미 분쇄 커피에서 약 2/3의 용해성 커피가 제거되었기 때문에, 다시 추출하고 싶지는 않을 것이다(18~22% 추출에 대해서는 실험 6에서 알아볼 것이다). 남아 있는 찌꺼기에는 향기 분자가 적어서 추출하는 데 시간이 더 걸릴 뿐만 아니라, 맛있는 추출을 기대할 수도 없을 것이다.

인터넷을 보면, 커피 찌꺼기를 활용한 수많은 아이디어와 자원들이 있다. 첫 번째, 커피 찌꺼기는 좋은 비료가 된다. 특히 알칼리성(pH > 7) 토양에 효과적이다. 대부분의 식물은 pH 6~7의 토양을 선호한다. 산성을 좋아하는 식물은 오이, 가지, 당근, 장미, 수국(pH에 민감하게 반응하여 커피 비료에 의해 보라빛이 파란색으로 변함)이 있다. 커피 찌꺼기는 해충(개미, 민달팽이, 달팽이)뿐만 아니라, 정원을 화장실로 사용하는 도둑 고양이도 막아 줄 수 있다. 또한 냉장고 탈취제로도 이용이 가능하며, 낚시 미끼로 쓸 지렁이를 살아 있는 상태로 보관하거나 지렁이가 퇴비를 소화시키도록 돕는다. 또한 미용 목적의 각질제거제(스크럽제), 마스크팩으로 사용할 수 있을 뿐만 아니라, 샴푸에 첨가하여 무스나 헤어젤 등의 스타일링 제품들을 제거할 수 있다.

이것은 하루에 100g 정도의 커피 찌꺼기를 배출하는 가정에서 적합한 방법이다. 그러나 집 근처 커피숍에서는 하루에 5~25kg의 찌꺼기를 배출하고, 공장에서는 하루에 수천 kg의 찌꺼기가 쏟아져 나온다. 예를 들어 미국 실리콘밸리의 커피회사에서는 하루에 무려 7,000~10,000kg의 커피 찌꺼기를 배출한다! 이것을 더 큰 규모로 확장시켜서 보면, 미국인들은 하루에 4억 잔의 커피를 마시는데, 이는 약 천만 kg의 커피 찌꺼기가 매일매일 배출된다는 것이다.

안타깝게도 대부분의 커피 찌꺼기는 매립된다. 우리와 마찬가지로 커피숍이나 회사들도 커피 찌꺼기를 처리하는 데 어려움을 겪고 있다. 실리콘밸리의 공장에서는 원하는 이들에게 무료로 커피 찌꺼기를 나눠주고 있지만, 극소수의 사람들만이 참여하고 있다.

안타깝게도 커피 찌꺼기에는 추출 중 완전히 제거되지 않은 (방향성 화합물, 지질과 지방, 단백질, 미네랄 그리고 페놀류 항산화 물질 등의) 유용한 화학성분들이 남아 있다. 이 물질들을 회수하여 다른 제품에 사용할 수 있다. 그러나 커피 찌꺼기의 대부분은 섬유질, 즉 셀룰로오스(식물의 세포벽)이다. 셀룰로오스와 헤미셀룰로오스는 바이오 정제[4]에 사용되지만, 원유(석유)가 상대적으로 더 저렴하기에 커피 찌꺼기를 이용한 바이오 정제는 수익성이 없다. 태워서 에너지를 얻으려면 먼저 건조시켜야 하는데, 이는 다량의 미세입자를 발생시켜 공기를 오염시키기에 적용하기 어렵다. 환경적으로 문제없고 경제적으로도 실현 가능한 공정을 개발하는 것이 공학적인 도전이며 시험이다. 더 많은 연구가 진행될수록 새로운 처리방법, 공정 그리고 사용처로 현재의 상황을 개선시킬 수 있을 것이다. 추가적인 공학적 작업을 통해 언젠가는 모든 유용한 요소들을 추출하여 사용하는 통합 공정 시스템을 경제적으로 실행할 수 있을 것이다.

[4] **역자 주** 바이오 재료를 기반으로 바이오 연료, 화학제품 등을 만드는 공정

The Design of Coffee
: An Engineering Approach

실험 4 – 커피의 pH와 화학반응

▣ 목표

이번 실험에서는 커피의 pH(산도)가 로스팅 세기에 따라 어떻게 달라지는지 살펴보고, 추출 후 시간에 따라 pH가 어떻게 변하는지로 '반응 속도'를 추정할 것이다. 또한 다음 실험에 쓸 원두를 로스팅할 것이다.

▣ 장비

☐ 커피 추출기   ☐ 전기 주전자   ☐ 미스터 커피   ☐ pH 미터   ☐ 종이컵
☐ 가정용 커피 로스터

▣ 활동

☐ Part A – 커피 추출 후 60분 동안 체계적으로 pH 측정하기
☐ Part B – 실험 2에서 만든 약배전 원두와 판매 중인 강배전 원두로 추출한 커피의 pH 비교하기
☐ Part C – 다음 실험에 사용할 원두 두 종류 로스팅하기(약배전, 강배전 각 1개씩)

▣ 보고서

☐ pH vs. 시간의 산점도
☐ 화학반응 속도의 추정치
☐ 약배전과 강배전 원두의 pH와 감각평가 기록
☐ 본 실험의 주요 질문에 대한 논의

배경지식

고품질의 생두를 정성스럽게 로스팅하고 며칠 후 추출하여 맛을 봤는데, 스스로 만든 최고의 커피라는 생각이 들었다. 흥분한 당신은 친구들에게 초대 문자를 보냈다. 그런데 30분 후에 친구들이 도착해 커피 맛을 보더니, 예의상 "괜찮은 것 같아"라고 답한다. 스스로 혼란스러워하며 재차 맛을 봤는데, 수긍이 된다… 커

피 맛이 그리 좋지 않다. 30분 동안 무슨 일이 일어난 것일까?

커피에 대해 알아야 할 중요한 사항은, 커피 맛이 추출 후 시간에 따라 계속 변한다는 것이다. 뜨거운 물이 커피를 스쳐 지나가면, 세 가지 과정이 시작된다. 첫 번째는 고체상(분쇄 커피)에서 액체상(물)으로 분자가 이동하는 '물질 전달(물질/질량의 이동)' 과정이다. 이것은 물이 투명한 색에서 어둡게 변화되는 것으로 분명하게 나타난다(물질 전달에 대해서는 실험 6에서 더 자세히 다룰 것이다). 이 과정은 추출기에서 분쇄한 원두를 제거할 때까지 일어난다.

그러나 나머지 두 공정은 계속해서 진행된다. 두 번째 공정은, 휘발성 유기화합물 VOCs이 액체상에서 기체상으로 빠져나가는 것이다. 이 VOCs는 커피가 추출되는 동안 맡게 되는 환상적인 향들을 구성하는 요소들이다. 커피의 향은 1,000종 이상의 독특하고 각기 다른 분자에 의해 만들어진다. 커피가 공기 중에 노출되어 있는 동안, VOCs는 지속적으로 휘발되어 빠져나간다. 추출 중 VOCs가 줄어들면, 근사한 커피의 향이 사라지면서 맛도 심심해지고 나빠진다.

세 번째 과정에는 화학반응이 포함되어 있다. 이 과정은 분명하게 드러나지 않아서 대부분의 사람들이 모르고 있다. 커피포트 안에 든 커피에서는 보이는 것과는 달리 엄청나게 다양하고 복잡한 화학반응이 일어나고 있다. 이 중 어떤 반응은 새로운 VOCs를 만들어내기도 하고, 오히려 이들을 소모하는 반응도 있다. 특히 몇몇 화학반

응은 추가적인 산성 분자를 만들어낸다. 어느 정도의 산도는 좋지만, 커피 애호가들은 '밝음Brightness'이라고 하는 기분 좋은 신맛을 가진 커피를 높이 평가한다(여기서 '밝음, 화사함'이란 시각적으로 보이는 것을 의미하지 않는다). 그러나 너무 과도한 산도는 커피의 신맛을 부각시킨다. 이게 바로 뜨거운 상태로 오래 방치한 커피에서 '신선하지 않은 신맛이 나는' 주된 원인이다.

화학반응이 복잡하기는 하지만, 이것은 시간에 따른 pH의 변화를 통해 쉽게 측정할 수 있다. pH는 용액 내 산성물질의 농도에 대한 값임을 기억하라. 그 정의는,

$$pH = -\log[H_3O^+] \tag{1}$$

이고, 여기서 [H₃O']는 '하이드로늄 이온'의 농도, 몰농도 M, moles/liter이다. 하이드로늄은 물 분자에 수소 원자 하나가 더 붙어 알짜 양전하를 가지게 한다. pH는 로그 척도임을 유의하라. 증류수의 pH는 7인데, 이것은 하이드로늄 이온의 농도가 10^{-7} mol/L라는 의미이다. 식료품점에서 살 수 있는 식초의 pH는 4에 가깝다. 따라서 하이드로늄 이온의 농도는 10^{-4} mol/L이다. pH 4와 7은 큰 차이가 나지 않는 것처럼 느껴지겠지만, 이는 로그 척도이므로 식초는 $10^3 = 1,000$배 더 산성인 것이다.

예를 들어 커피의 pH가 5.2로 측정되었다고 하자. 이때 하이드로늄의 농도는 10의 −5.2제곱이다. 이를 다시 보면,

$$[H_3O^+] = 10^{-5.2}\,mol/L = 0.0000063\,mol/L = 6.3 \times 10^{-6}\,mol/L \tag{2}$$

이다. 여기서 각진 괄호 '[ ]'는 'L당 몰수, 곧 농도'이다. 보기에 작은 수라고 무시하면 안 된다. 사람의 혀는 미묘한 농도 차이를 정확히 분간할 수 있다.

무엇이 커피의 pH를 결정하는가? 추출 직후 초기 pH는 몇 가지 요소에 의해 결정된다. 원두의 종류, 로스팅 정도(밝은 약배전 vs. 어두운 강배전), 이외에도 추출에 사용한 물의 '염기성도'가 있다(염기성도와 수질에 대해서는 실험 7에서 더 자세히 다룰 것이다). 만약 물의 초기 pH가 약염기성(대략 8)이라면, 추출한 커피의 초기 pH는 아마 6 정도일 것

이다. 그러나 시간이 지남에 따라 화학반응은 하이드로늄 이온을 더 많이 발생시켜 pH가 떨어지면서 커피의 신맛을 증가시킨다. 만약 pH가 5에 도달하면, 커피는 처음 추출했을 때보다 산도가 10배 더 높아져서 맛으로 인지할 수 있게 되는 것이다. 실험 4의 주된 목표는 추출물의 pH vs. 시간을 측정하고, pH의 수치에 따른 감각평가를 비교하는 것이다.

화학반응 때문에 pH가 변하기에 자연스럽게 '화학반응은 얼마나 빨리 일어나는 가?' 질문하게 된다. 사실 이것은 '추출한 커피 1L 안에 분당 얼마나 많은 산성 분자가 만들어지는가?'에 대한 질문이다. 사실 화학공학자들은 커피 주전자를 '회분식 반응기(닫힌계 반응기, Batch reactor)'라고 부른다. 따라서 반응 속도를 측정하기 위해 다음 식의 pH 값을 사용할 수 있다.

$$반응\ 속도 = \frac{d}{dt}[H_3O^+] \approx \frac{\Delta[H_3O^+]}{\Delta 시간} \approx \frac{[H_3O^+]\ 변화량}{시간의\ 변화} \tag{3}$$

$$\approx \frac{[H_3O^+]_{final} - [H_3O^+]_{init}}{t_{elapsed}}$$

여기서 'init'은 초기 하이드로늄 농도(t=0일 때), 'final'은 최종 농도, $t_{elapsed}$는 최종 측정까지의 시간(분)이다. 반응 속도의 단위가 분당 L당 몰[mol/(L x min)]이라는 단위를 가짐에 주의하라. 또한 위 식은 (시간에 대한 미분 방정식으로 근사한) 대략적 측정이라는 것에 주의하라. 그러나 측정에만 사용한다면 괜찮다. 이런 것을 '공학적 근사'라고 한다.

Part A – 강배전 커피의 시간에 따른 pH 측정

중요: 이 실험을 진행하는 동안 동시에 여러 가지 일을 수행해야 한다 – Part A를 시작하고, 동시에 Part B에 이어 C를 시작하라.

1) 구매한 **강배전** 커피를 이용하여 미스터 커피로 커피를 만들 준비를 하자. 강배전 일수록 좋다. 만약 약배전이나 중배전 커피를 이용한다면, 이미 너무 산성이기에

pH의 변화를 측정하기 어렵다. 반드시 검게 로스팅한 원두를 사용하라.

2) 많은 양, 약 600g의 물과 40g의 커피(R_{brew}=15)를 준비하라. 추출기에 넣은 물의 pH를 측정하라.

3) 추출이 끝나자마자(이를테면 커피가 더 이상 떨어지지 않을 때) 휴대폰 타이머를 사용하여 시간을 기록하라. 추출이 끝난 시점이 t=0이다. 시료를 **조금**(최대 15mL) 덜어서 맛을 보고 커피의 산도(또는 밝음, 화사함)를 가늠해 보라. 맛이 어떠한가?

4) 다음으로, 아래에 있는 올바른 pH 미터 사용법을 숙지한다. 일반적으로 커피가 상온일 때 정확한 pH가 측정된다. 김이 날 정도로 뜨거운 커피의 pH는 측정하지 않는다! 커피 일부를 작은 종이컵이나 유리잔에 옮기고, 체온과 비슷해질 때(만져서 뜨겁지 않은 정도)까지 충분히 식힌 다음, pH 미터를 넣는다(혹은 차게 식은 커피를 pH 미터 뚜껑 안에 붓는다). 일정한 값이 표시될 때까지 기다린 후(약 10초), 추출 샘플의 pH 값을 기록하라.

5) 이후 60분간 미스터 커피의 전원을 켜 놓은 상태로 **유리병을 핫플레이트 위에 올려 두고** (휴대폰 타이머로) 5분마다 시료를 약간 덜어 pH를 측정하라. 커피의 맛을 보는 것도 좋지만, 변화가 점진적이기 때문에 30분과 60분의 시료 맛에 집중할 것을 추천한다. 시간에 따른 산미의 변화는 처음과 어떻게 다른가?

---

pH 미터기 사용 시 주의사항

- 'Cal' 버튼을 누르지 않는다(기준값이 바뀐다).
- 버튼을 커피나 물에 담그지 않도록 한다(오직 끝만 담글 수 있다).
- 항상 커피가 실온, 체온 정도로 식었을 때 측정하라.
- 측정한 다음, pH 측정 부위를 부드럽게 세척하고 건조하라.

pH vs. 시간의 데이터

커피 종류: _____

물의 질량: _____ g 원두의 질량: _____ g 추출비: _____

수돗물의 pH: _____

추출 직후의 pH: _____ (t=0에서의 pH)

시간(분)	pH	시간(분)	pH

감각평가 t=0(추출 직후):   pH =

_____

_____

감각평가 t=30분: pH = _____

_____

_____

감각평가 t=60분: pH = _____

_____

_____

Part B - 약배전 vs 강배전의 pH 측정

1) 다음으로 새로운 추출 기술을 사용하여 실험 3에서 만든 약배전 원두와 Part A에서 사용한 강배전 원두를 직접 비교할 것이다. 클레버 커피 추출기 두 대를 준비하라. 가급적 강배전과 약배전 원두 모두 같은 크기로 분쇄하고, 동일한 질량을 추출기에 넣는다. 전기 주전자로 물을 94℃까지 가열하고 동일한 시간(약 5분) 동안 추출한다.

2) 각 추출물의 pH를 측정하라. 비교할 만한 값인가?

3) 두 커피를 '블라인드 테이스팅Blind tasting'해 보라. 두 커피가 구별이 되지 않도록 다른 사람이 따라 주는 것이 좋다. 맛이 어떠한가? 어떤 것이 더 좋은가?

Part C - 강배전과 약배전

pH 값을 얻는 60분 동안, 같은 종류의 생두로 약배전과 강배전 두 가지를 로스팅하면서 여러 가지 일을 동시에 진행할 것이다. 지난주와 동일한 과정을 수행하되, 채프의 질량이나 부피 변화는 측정하지 않는다(이것들은 실험 3에서만 다룬다). 로스팅하는 동안 원두를 관찰하라! 약배전은 120g의 생두를 팬 7, 파워 7, 시간 5.0분, 강배전은 100g의 생두를 팬 5, 파워 7, 시간 6분에 설정하여 사용한다. 로스팅 중 언제든지 'Run/Cool(작동/냉각)' 버튼을 눌러 가열을 멈추고 일찍 냉각 공정을 시작할 수 있다. 로스팅한 후에는 반드시 장치를 약 5분간 냉각시키도록 한다. 다음에 사용할 원두에 라벨을 붙여 보관한다. 커피 봉투에는 언제나 완전히 식은 원두만 넣도록 한다.

로스팅한 원두의 맛을 보라(한 알을 입에 넣고 씹어 보라). 강배전과 약배전의 맛 차이가 느껴지는가?

약배전과 강배전의 pH 값

약배전 종류: _____

뜨거운 물의 질량:_____ g 분쇄 커피의 질량:_____ g 추출비:_____

분쇄도: _____ 추출 시간: _____분 물의 온도: _____℃

추출한 커피의 pH: _____

감각평가:

_____

_____

_____

강배전 종류: _____

뜨거운 물의 질량:_____ g 분쇄 커피의 질량:_____ g 추출비:_____

분쇄도: _____ 추출 시간: _____분 물의 온도: _____℃

추출한 커피의 pH: _____

감각평가:

_____

_____

_____

로스팅 결과

커피 종류: _____

첫 번째 로스팅(약배전)

생두의 질량: _____ g   로스팅 후 질량: _____ g

로스터 세팅: _____   로스팅 소요 시간: _____ 분

두 번째 로스팅(강배전)

생두의 질량: _____ g   로스팅 후 질량: _____ g

로스터 세팅: _____   로스팅 소요 시간: _____ 분

실험 보고서

각 조는 정해진 기한까지 다음 네 가지가 포함된 보고서를 제출해야 한다. (1) pH vs. 시간 그래프, (2) 반응 속도의 추정, (3) 강배전과 약배전 원두로 만든 커피의 pH와 맛 비교, (4) 조별 관찰 결과에 대한 토의 내용.

1) 먼저 엑셀을 이용해 미스터 커피로 추출한 커피의 pH vs. 시간 산점도를 만든다 (pH를 세로축에, 시간을 가로축에 넣는다). 어떤 흐름이 보이는가?

2) 식 (3)을 이용하여 계산한 하이드로늄 이온이 생성되는 반응 속도는 얼마인가? 만약 커피가 뜨거운 상태로 3배 더 오랜 시간(1시간이 아니라 3시간) 있었다면 최종 pH는 얼마가 되겠는가? 또 반응 속도가 일정하게 유지된다면(추출물에서 물이 증발되기 때문에 이는 잘못된 가정이다), 최종 pH는 얼마가 되겠는가?

3) 다음으로, 클레버 커피 추출기로 만든 약배전/강배전 커피의 맛과 pH 값을 기록한다. 정성적인 맛 평가도 좋다. 강배전과 약배전 중 어떤 것이 더 마음에 드는가?

4) 마지막 페이지에는 다음 질문에 (10문장 이내로) 간단하고 분명하게 답한다.

   ⅰ) 강배전과 약배전 커피의 pH는 얼마인가? 각각의 하이드로늄 이온의 농도는 정확히 얼마인가?

   ⅱ) 핫플레이트 위에 있던 커피의 맛은 시간에 따라 어떻게 달라지는가? 정성적인 평을 해도 좋다! pH와의 상관관계가 보이는가?

   ⅲ) 하이드로늄 이온의 농도(mol/L)는 60분 동안 얼마나 변했는가?

실험 4 보너스 - 로스팅하는 동안 어떤 일이 일어나는가?

로스팅은 '한 잔의 행복'을 선사하는 커피를 만드는 데 가장 중요한 과정이다. 생두에는 로스팅 중 가해진 열로 인해 수많은 물리, 화학적 변화가 일어난다. 처음에는 약 12%의 수분이 함유되어 있는데, 오랫동안 보관한 경우라면 그보다 적을 것이다. 생두 내부의 물에 열이 가해지면, 물이 기화된다. 약 200℃에 이르면, 열에 의해 기체의 부피가 팽창하기에 원두 내부의 증기압이 원두를 비집고 나올 만큼 높아져서 로스팅 중 로스터에서 깨지거나 톡 터지는 소리가 들린다. 이렇게 깨지거나 부서진 틈 사이로 수증기와 다른 기체가 빠져나오면서 원두는 엄청난 부피 팽창을 일으킨다. 위 사진에서 약간의 갈라짐(크랙)이 있는 것을 볼 수 있다.

 이와 비슷한 크랙은 팝콘을 튀길 때에도 발생한다. 옥수수 알맹이에는 수분과 가스가 포함되어 있다. 따라서 열을 가하여 압력이 옥수수 껍질의 힘보다 커지게 되면 터지게 되는 것이다. 커피 원두의 세포벽은 옥수수에 비해 거칠고 덜 촘촘하기 때문에 극적인 폭발이 일어나지는 않는다. 또 오래된 옥수수가 잘 튀어 오르지 않는 것은 단순히 팝콘이 건조해졌기 때문이다. 수분이 부족해서 알맹이가 튀어 오를 만큼의 압력이 쌓이지 못하는 것이다. 오래된 옥수수를 물에 적셔 하루를 두면, 알맹이가 수분을 흡수하여 훨씬 더 잘 튀어 오르는 모습을 볼 수 있다. 원두를 계속 가열하면 약 225℃부터 두 번째 크랙이 시작된다. 더 많은 크랙이 발생하며 세포벽이 열린다. 결과적으로, 원두 속의 기름이 표면으로 이동하여 윤이 나고 기름지게 된다.

그러나 원두가 튀고 갈라지는 게 전부는 아니다. 빵을 굽거나 다른 음식을 볶는 것과 같이, 원두를 가열할 때에도 복잡한 화학반응들이 일어난다. 가장 분명한 변화는 '마이야르Millard' 반응의 결과로, 로스팅한 원두를 갈색으로 만든다는 것이다. 마이야르 반응은 빵을 굽는 것과 마찬가지로 당과 단백질 사이에서 일어난다. 또 다른 주요 화학반응은 '열분해'이다. 이것은 일반적으로 산소가 없는 상태에서 열이 일으키는 반응을 의미하며, 원두 내부에서 발생한다. 열분해는 당과 탄수화물을 캐러멜화시키고, 지방을 향이 나는 물질로 변화시킨다. 요리할 때 마이야르와 열분해 반응은 일으키되, 타지 않기를 바랄 것이다. 즉 로스팅이 너무 과하면, 불 속의 장작처럼 원두가 타버릴 것이다. 연소 반응도 열에 의해 발생하지만, 산소가 있어야 한다. 연소, 곧 타는 것은 커피에 도움이 되지 않는다!

　　생두에 다량(4~9%)의 클로로겐산Chlorogenic acid이 함유되어 있다는 것도 중요한 측면이다. 어째서 이 분자에 집중하는 걸까? 클로로겐산은 다른 식물에서 발견되지 않을 뿐만 아니라, 놀라운 항산화제이기 때문이다. 커피를 마시는 것은 사실 엄청난 항산화제를 섭취하는 것이다! 그러나 로스팅은 클로로겐산을 파괴한다. 실제로 중배전에서는 약 40%의 분자들만 남고, 강배전Really dark에서는 10% 이하로 떨어진다. 따라서 약배전 원두가 '밝고'(산미가 더 높음) 사실 건강에도 더 좋다.

　　만약 로스팅 중 일어나는 변화들이 너무 복잡해서 따라가기 어렵다면, 당신은 혼자가 아니다. 로스팅 중 일어날 수 있는 다른 여러 가지 반응들을 과학자들도 아직 완벽하게 제어하지 못하고 있다. 게다가 생두의 구성성분도 다른 작물들처럼 변화된다. 따라서 한 종류의 생두로 '천국의 맛'을 선사하는 로스팅은 다른 원두와 섞어서 커피를 내릴 수도 있다. 그러나 전부를 잃는 것은 아니다. 다양한 로스팅을 시도해 보고 가장 맛있는 커피를 만드는 방법을 연구하라.

실험 5
– 커피를 만드는 데 사용된 에너지 측정

▣ 목표

이 실험의 주요 목표는 "커피를 만드는 데 얼마나 많은 에너지가 사용되는가?"에 답을 하는 것으로, 물의 비열용량을 측정하고, 추출, 로스팅, 분쇄에 필요한 에너지량을 비교해 볼 것이다.

▣ 장비

☐ 전기 주전자   ☐ 소비전력측정기   ☐ 열풍 팝콘 제조기
☐ 가정용 커피 로스터   ☐ 클레버 커피 추출기

▣ 실험 활동

☐ Part A – 물의 C_p(비열용량)를 결정하기 위해 전기 주전자로 물 가열하기(2회)
☐ Part B – 클레버 커피 추출기로 2회 추출하기
　　☐ 분쇄 시 사용된 평균 전력 측정
　　☐ 실험 4에서 만든 강배전과 약배전 커피의 블라인드 테이스팅
☐ Part C – 로스팅 에너지 측정
　　☐ 로스팅을 연습한 후, 전체 에너지를 측정하며 열풍 팝콘 제조기로 로스팅하기
　　☐ 비교를 위해 가정용 로스터로 세 번째 로스팅하기

▣ 보고서

☐ 물 가열과 관련된 물의 온도, 에너지, 시간, 세 가지의 산점도

□ 물의 C_p를 계산한 표
□ 로스팅과 관련된 두 가지 산점도(온도 vs. 시간, 에너지 vs. 시간)
□ 각 단위공정의 g당 에너지의 막대그래프
□ 이번 실험의 핵심 질문에 대한 답과 맛에 대한 평가

배경지식

대부분 '에너지'가 무엇을 의미하는지에 대한 정성적인 개념은 있다. 운동 후 피곤하고 나른할 때, "에너지가 바닥났어…"라고 말하기도 한다. 반대로 일을 신속하게 처리할 때, "에너지가 넘친다!"고 말하기도 한다. 이처럼 에너지는 움직임과 관련된 것으로 생각하지만, 사실 가장 일반적인 정의는 '일을 할 수 있는 능력'이다.

에너지는 굉장히 다양한 형태로 존재하지만, 모두 움직임 또는 움직이게 하는 능력과 관련이 있다. 예를 들어 '운동 에너지'는 공기 중에서 움직이는 물체(예, 야구공)의 에너지를 말한다. 그 외의 에너지들은 감지하기 어려운 움직임과 관련이 있다. 예를 들어 '열'도 에너지의 한 종류이지만, 야구공처럼 관찰 가능한 움직임은 없다. 대신 열을 보유하고 있는 물체 속 분자들이 진동한다. 찬물에서는 물 분자들이 느긋하게 진동하고 있기 때문에 상대적으로 적은 '열'을 가지고 있는 반면, 뜨거운 물에서는 물 분자들이 더 격렬하게 진동하기 때문에 더 많은 '열'을 가지고 있는 것이다.

에너지는 절대 새로 생성되거나 사라지지 않는다는 것이 우주의 기본 원리이다. 단지 그 형태가 달라질 뿐이다. '에너지 보존 법칙'으로 불리는 이 개념은 특정한 목표를 이루기 위해 정확히 얼마의 에너지가 필요한지 정량화할 수 있다는 의미이다. 현대

사회에서 가장 중요한 예로 수력발전 댐은 떨어지는 물의 운동 에너지가 터빈을 돌리는 운동 에너지로 전환된다. 터빈 내부에 있는 자석이 운동 에너지를 전기에너지(즉 회로 내부 전자의 움직임)로 바꿔 주는 것이다. 우리가 전등을 켜면, 전기에너지는 다시 (광자의 움직임과 관련된) 빛 에너지로 전환된다.

이러한 에너지 전환의 효율이 100%는 아니다. 보통 에너지의 일부를 열에너지로 '잃게' 된다. 백열전구는 불을 꺼도 상당히 뜨겁다. 그럼에도 불구하고, 에너지 보존 법칙은 절대적이다. 실험 3에서 다룬 질량수지처럼, 어떤 시스템에 들어가는 전체 에너지는 궁극적으로 빠져나가는 에너지의 총량과 동일하다.

에너지의 기준 단위는 에너지 보존의 개념을 밝히는 데 공헌한 19세기 물리학자(동시에 맥주 양조 전문가) 제임스 프레스콧 줄James Prescott Joule을 기려 '줄Joule'이라고 부른다. 1줄의 에너지가 얼마인지 알기 위해서는 먼저 물체를 움직이게 하는 데 필요한 힘을 정의해야 한다. 어딘가에 놓여 있는 1kg의 물체가 초당 1m의 속도를 내게 하려면, (조심스럽게 끌고 가며) 천천히 속도를 내게 할 수도 (세게 밀어) 빠르게 속도를 내게 할 수도 있다. 만약 그 물체가 정확히 초당 1m의 속도를 내게 할 수 있다면, 정확히 1 '뉴턴Newton'의 힘을 가한 것이다.

$$\text{힘: } 1\text{뉴턴} = 1\text{N} = 1\frac{\text{kg} \times \text{m}}{\text{s}^2} \tag{1}$$

여기서, 뉴턴은 그 유명한 뉴턴의 운동법칙을 만들어낸 아이작 뉴턴 경Sir Isaac Newton의 이름으로 명명한 것이다. 따라서 1줄(J)의 에너지는 1뉴턴(N)의 힘을 1m 거리에 적용한 것으로 정의된다.

$$\text{에너지: } 1\text{줄} = 1\text{J} = 1\text{N} \times \text{m} = 1\frac{\text{kg} \times \text{m}^2}{\text{s}^2} \tag{2}$$

에너지를 전환하는 '속도'를 '일률Power'이라고 하며, 일반적으로 와트Watt로 측정하고, 초당 얼마만큼의 줄로 정의한다.

$$\text{일률: } 1 \text{ 와트} = 1\text{W} = 1\,\text{joule}/\text{second} = 1\,\text{J}/\text{s} \tag{3}$$

와트는 산업혁명의 원동력이 된 증기기관을 개발하는 데 기여한 유명한 공학자 제임스 와트James Watt의 이름으로 명명한 것이다. 사실 와트는 지금도 널리 사용되고 있는 '마력'이라는 개념을 고안했는데, 자신이 만든 증기기관이 말을 대신하고 있었기 때문이다. 부피 유속의 단위인 초당 L나, 질량 유속의 단위인 초당 kg, 화학반응의 속도인 분당 L당 몰(실험 4 참고)처럼 와트와 마력도 모두 시간당 일의 '속도'를 설명하는 척도로 사용할 수 있다. 속도는 항상 시간당 무엇을 측정한 것이다!

이것들을 가지고 커피에 무엇을 할 것인가? 우선 에너지는 생두를 마실 수 있는 음료로 변환하는 데 반드시 필요하다. 우리의 목적을 위해 가장 중요한 에너지 전환은 전기에너지를 열에너지로 바꾸는 것이다(우리는 로스팅하면서 원두에 열을 가해야 할 뿐만 아니라 추출 중에도 물을 가열해야 한다). 다른 에너지들과 마찬가지로 전기에너지는 줄로, 일률(시간당 에너지)은 와트로 측정한다.

100W 백열전구는 작동하는 데 100J/s의 전기에너지가 소모된다는 뜻이다. 이 전구를 구입해서 설치하고 10시간 동안 켜 두었다고 하자. 1시간은 3,600초이기 때문에, 10시간 동안 전구를 사용했다는 것은 다음을 의미한다.

$$100\,\text{J}/\text{s} \times 36{,}000\,\text{s} = 3{,}600{,}000\,\text{J} \tag{4}$$

수치는 정확하지만 시간당 3,600초를 곱하는 것이 불편하기에, 공학자들은 에너지의 다른 측정 단위인 '킬로와트시(kWh)'를 생각해냈다. 1킬로와트(kW)는 1,000와트(W)이다(킬로는 SI 접두사로 1,000을 의미한다). 따라서 100W 전구가 10시간 동안 사용한 에너지는 다음과 같이 나타낼 수 있다.

$$100\,\text{J}/\text{s} \times 10\text{hr} \times \frac{1\text{kW}}{1{,}000\text{J}/\text{s}} = 1\text{kW} \cdot \text{hr} \tag{5}$$

이것은 단위만 다를 뿐 3,600,000J과 똑같은 양의 에너지를 나타낸 것이다. 킬로와트시는 '초당 에너지 × 시간'을 나타내는 재미있는 단위이다. 이것을 부피 유량에 적용하면 '분당 L에 시간을 곱한 값'이라 할 수 있고, 결국 몇 L가 된다. 이상한 단위이기는 하지만, kW-hr는 1시간 동안 사용한 에너지를 표현하는 편의성 때문에 널리 사용되고 있다.

'kW-hr'를 '시간당 킬로와트'로 읽는 것은 엄청난 실수이다. 일률은 시간으로 나누어지지 않는다! 이것은 시간의 곱이다. 그러므로 보다 정확하게 '킬로와트시'라고 해야 한다.

마지막으로 에너지 때문에 LED로 바꾸는 움직임이 있는데, 10W의 LED 전구는 100W의 백열전구와 같다. LED에는 $\frac{1}{10}$ 의 전력이 요구된다. 10시간 동안 1kW-hr 대신, 0.1kW-hr만 소모된다는 것이다!

커피와 관련하여 우리의 주된 관심사는 전기에너지를 열에너지로 전환하는 것이다. 전기 주전자에 전원을 공급하면, 움직이는 전자의 에너지는 '저항 소자'를 통해 열에너지로 전환된다. 움직이는 전자는 그 흐름을 방해하는 저항 내부의 분자와 충돌할 때마다 열을 만들어낸다. 전류(즉 초당 움직이는 전자의 양)가 세면, 더 잦은 충돌이 발생하여 더 많은 에너지가 열로 전환된다. 실험 2에서 살펴본 자동 커피 메이커의 구리선이 '저항 소자'였다.

물을 가열하는 데 실제로 얼마의 에너지가 필요할까? 주요 물리적 개념은, 모든 물질에는 '비열용량/열용량', 곧 물질 1g을 1℃도 올리는 데 필요한 에너지의 양이 있다는 것이다. 비열용량을 C_p라고 한다면, 질량이 m인 물질의 온도를 변화시키기 ($\Delta T = T_{final} - T_{initial}$) 위해 필요한 에너지는 다음과 같다.

$$\text{에너지} = m \times C_p \times \Delta T \tag{6}$$

다행히도 이 표현은 직관적이다(오른쪽 항에 있는 단위들을 확인하고 곱하면 에너지의 단위가 나온다). 만약 더 큰 질량을 가열하려면 더 많은 에너지가 필요하고, 온도를 더 많이 올리려고 해도 더 많은 에너지가 필요하다. 정확히 얼마의 에너지가 필요한지는 화학적 조성에 따라 달라지는 각 물질의 비열용량에 달려 있다. (구리나 금과 같은) 금속들은 대부분 0.3J/(g × ℃) 정도로 매우 낮은 비열용량을 가지고 있다. 물의 비열용량은 약 4.2J/(g × ℃)로 상당히 크다. 이는 가열하는 데 많은 에너지가 필요하다는 의미이다. 믿기지 않겠지만, 우리는 이번 실험에서 물의 비열용량(C_p)을 측정할 것이다.

Part A – 물을 가열하는 에너지

1) 먼저 물을 가열하는 데 사용할 전기 주전자의 사용지침을 확인한 후, 주전자의 온도를 95℃로 설정하되, 아직 시작하지 마라!

2) 정해진 양의 물(대략 반 정도)을 주전자에 넣고, 물의 질량을 반드시 기록해 둔다. 전기 주전자를 영점 조절된 소비전력측정기에 연결하되 전원은 켜지 않는다. 소비전력측정기의 영점을 잡으려면 플러그를 뽑았다가 끼우면 된다.

3) 다음 페이지에 시간, 물의 온도 그리고 누적 kW-hr 값을 기록할 것이다.

4) 준비가 끝났으면, 주전자의 전원을 켜고 물의 온도와 시간을 동시에 측정하면서 기록을 시작한다. 소비전력측정기의 값이 0.01kW-hr 변할 때마다, 그 시간과 온도와 에너지를 기록하라.

5) 뜨거운 물을 버리고, 한 번 더 측정한다. 이번에는 질량을 달리하여 주전자에 물을 가득 채운다(새로운 질량을 기록하라). 주전자의 전원을 켜기 전에 소비전력측정기의 영점을 다시 확인한다(물은 주전자가 뜨거운 만큼 조금 데워졌을 것이다). 준비가 되면, 다시 0.01kW-hr가 변할 때마다 시간, 온도 그리고 에너지를 기록한다. 나중에 이 데이터로 그래프를 그려 분석하고 조원들과 함께(시간과 온도에 따라 에너지 사용량이 정량적으로 어떻게 달라졌는지) 논의할 것이다.

6) 주전자에 든 뜨거운 물은 버리지 않는다. 이 물은 Part B에서 사용할 것이다.

온도 vs. 시간 데이터

주전자에 **반 정도 채운** 물의 질량: _____ g

시간(초)	온도(℃)	에너지(kW–hr)	시간(초)	온도(℃)	에너지(kW–hr)

온도 vs. 시간 데이터

주전자에 **가득 채운** 물의 질량: _____ g

시간(초)	온도(℃)	에너지(kW–hr)	시간(초)	온도(℃)	에너지(kW–hr)

Part B – 약배전과 강배전 로스팅의 맛 비교

1) 전기 주전자는 잠시 옆으로 치워 두고, 다시 클레버 커피 추출기를 사용해 실험 4에서 직접 로스팅한 원두를 추출해 보자.

2) 추출에 사용할 두 대의 클레버 커피 추출기를 준비한다. 맛을 비교할 것이기 때문에 로스팅한 원두 두 가지를 준비하되 가급적 동일한 양을 (분쇄한 입자 크기가 비슷하도록) 동일한 방법으로 분쇄한다.

3) 적어도 한 번은 측정기를 사용하여 원두를 분쇄하는 동안의 에너지 사용량을 측정하라. 질량을 확인한 원두를 분쇄기에 넣는다. 분쇄기에서 사용하는 에너지의 양이 매우 적기 때문에 직접 kW–hr로 측정할 수는 없다. 하지만 소비전력측정기에 즉각적으로 표시되는 일률(W) 측정 기능을 사용하여 에너지를 추정할 수 있다. 분쇄하는 동안 와트로 표시되는 일률이 오르락내리락할 것인데, 그 평균값을 기록하면 된다. 또 분쇄에 걸린 시간을 측정하라. 에너지 사용량을 얻으려면 전력에 무엇을 곱해야 하는가?

4) 강배전과 약배전 원두를 비교하는 데 사용할 추출비와 물의 온도를 결정하라. 추출비와 분쇄도, 추출 시간은 동일해야 한다. 두 커피를 추출하고, 다음 페이지에 모든 데이터를 정확하게 기록하라.

5) 이제 블라인드 테이스팅을 해 보자! 한 명씩 돌아가며 눈을 가리고 커피의 맛을 보라. 각각을 작은 컵에 담아 제공하되 서로 구별이 되지 않게 한다. 각각의 맛을 보라. 어느 것이 약배전이고 강배전인지 감별할 수 있는가? 커피 플레이버 휠을 참고하여 어떤 맛과 향인지 찾아낼 수 있는가? 어떤 것이 '최고의 맛'이었는가? 각 커피에 대한 감각평가를 기록하라.

분쇄기의 에너지 데이터

원두의 질량: _____ g

분쇄 중 평균 일률: _____ W=J/s

분쇄 시간: _____ 초

에너지 사용량: _____ W × _____ 초 _____ J

에너지 사용량(kW−hr_____ J × $\dfrac{1kW - hr}{3.6 \times 10^6\,J}$ = _____ kW−hr

블라인드 테이스팅 결과

분쇄도: _____ 물의 온도: _____ ℃

뜨거운 물의 질량: _____ g 원두의 질량: _____ g 추출비: _____

추출 시간: _____ 분

로스팅 강도(배전도): _____

감각평가/ 블라인드 테이스팅 결과: _____

_____

_____

_____

커피 종류 및 배전도: _____

감각평가/ 블라인드 테이스팅 결과: _____

_____

_____

_____

열풍 팝콘 제조기 사용 시 주의사항

- 너무 많은 양을 넣지 말 것 − 너무 많이 넣으면, 원두가 유동하지 못해서 바닥에 있는 것이 탈 수도 있음.
- 너무 적게 넣지 말 것 − 통 밖으로 튀어나올 수도 있음.
- 장치를 켜자마자, 곧바로 원두가 잘 돌고 있는지 확인하라. 그렇지 않은 경우, 불이 날 수도 있다!
- 젖은 키친타월을 통에 넣어 두면, 채프(껍데기)를 걸러내는 데 좋다.

Part C – 로스팅의 에너지

1) 다음으로 약간의 원두를 팝콘 제조기로 로스팅할 것이다. 이것을 두 번 시도할 것인데, 한 번은 로스팅 과정을 경험해 보는 것이고, 그다음에 로스팅 시간에 따른 온도와 에너지 소비량을 측정할 것이다. 6분 이상 로스팅하지 않도록 한다. (전부는 아니지만) 대부분의 팝콘 기계에는 특정 온도를 넘어가지 않도록 온도조절 장치가 장착되어 있다.

2) 공기 배출구를 가릴 정도로 충분한 양의 생두를 넣고 첫 번째 로스팅을 한다. 생두의 정확한 양은 팝콘 기계의 종류와 생두의 밀도에 따라 다르다. 열풍 팝콘 제조기의 경우 대략 50~100g일 것이다(팝콘 제조기는 60g). 기계를 작동시켜 생두가 즉시 움직이기 시작하는지로 양이 적절한지 확인할 수 있다. 생두의 양은 다를 수 있다. 그러나 경험상 원두가 너무 많아서 충분히 '유동'하지 않으면, 고르게 로스팅이 되지 않고 불이 날 가능성도 있다. 반면 너무 적으면, 일부가 튀어나올 수 있다. 보통 작동시키자마자 원두가 천천히 움직여야 한다. 로스팅이 진행되면 원두의 밀도가 낮아지면서 더 빨리 움직이게 된다.

3) 로스터의 배출구를 젖은 키친 타올이 든 통 쪽으로 향하게 하여 채프를 걸러낸다. 로스팅 중에는 플라스틱과 금속 부분 모두 매우 뜨거우니, 매순간 조심해야 한다.

4) 5분 정도 로스팅하면, 좋은 중배전 원두를 얻을 수 있다. 로스팅하는 동안 시간을 계속 파악하면서 '첫 번째 크랙' 소리를 기록한다. **첫 번째 크랙이 시작되고 1분이 지나면, 로스팅을 종료하라!** 또한 원두의 색과 kW-hr 등도 기록한다. 두 번째 로스팅을 하는 동안, 온도와 에너지 사용량을 측정할 것이다. 생두와 로스팅한 원두의 질량을 기록하라.

5) 로스팅한 원두를 금속 용기에 부어 식힌다. 질량을 기록한 후, 다음 실험에서 맛을 볼 수 있게 (식은 후) 보관 용기에 담고 라벨을 붙인다.

6) 두 번째 로스팅을 하는 동안 1)~5)의 과정을 반복하되, 20초마다 온도와 에너지 소비량(kW-hr)을 기록한다(시작하기 전에 소비전력측정기를 초기화하라). 내부 온도를 측정할 때는 화상을 입지 않도록 더욱 조심한다. 온도계도 200℃ 이상으로 뜨거워질 것이다. 기기를 다룰 때에는 오븐 장갑을 사용하라. 생두와 로스팅한

원두의 질량 및 부피를 기록하라.

7) 로스팅을 한 번 더 하되, 가정용 커피 로스터를 사용한다. 가정용 커피 로스터의 생두 최소 질량은(소량인 팝콘 기계에 비해) 100g임을 참고하라. 이 로스팅에서 사용한 에너지 사용량 또한 측정한다. 로스팅 전후의 질량을 측정하라. 질량을 기준으로 하여 각 로스터의 에너지 사용량(생두의 g당 사용한 kW-hr)을 비교할 것이다.

열풍 팝콘 제조기의 에너지 데이터

1차 로스팅, 커피 종류: _____

생두의 질량: _____ g 로스팅 원두의 질량: _____ g

크랙이 시작된 시각: _____ 분

로스팅 소요 시간: _____ 분

에너지 사용량: _____ kW-hr

2차 로스팅, 커피 종류: _____

생두의 질량: _____ g 로스팅 원두의 질량: _____ g

크랙이 시작된 시각: _____ 분

로스팅 소요 시간: _____ 분

에너지 사용량: _____ kW-hr

시간(초)	온도(℃)	에너지(kW-hr)	시간(초)	온도(℃)	에너지(kW-hr)
_____	_____	_____	_____	_____	_____
_____	_____	_____	_____	_____	_____
_____	_____	_____	_____	_____	_____
_____	_____	_____	_____	_____	_____
_____	_____	_____	_____	_____	_____

가정용 커피 로스터의 에너지 데이터

3차 로스팅, 커피 종류: _____

생두의 질량: _____ g 로스팅 원두의 질량: _____ g

로스터 설정: _____

크랙이 시작된 시각: _____ 분 (듣기 어려울 수 있음)

로스팅 소요 시간: _____ 분

에너지 사용량: _____ kW-hr

실험 보고서

정해진 기한까지 각 조는 다음 내용을 포함한 보고서를 제출해야 한다. (1) 물 가열과 관련된 온도 vs. 시간, 에너지 vs. 시간, 그리고 온도 vs. 에너지, 세 가지의 산점도, (2) 물의 C_p(비열용량)을 계산한 스프레드시트 표, (3) 로스팅 온도 프로필과 에너지 사용량의 산점도, (4) 단위공정의 질량당 에너지를 보여 주는 막대그래프, (5) 결과에 대한 간략한 논평.

1) 전기 주전자의 데이터(시간/에너지/온도 측정값)를 엑셀에 입력하고, 다음의 세 가지 산점도를 준비하라. (i) 온도 vs. 시간, (ii) 누적 에너지(kW-hr) vs. 시간, (iii) 누적 에너지 vs. 온도. 스프레드시트 분석의 모범 사례를 활용하라. 각각의 산점도에는 가열한 물의 질량별로 두 개의 뚜렷한 곡선이 나타날 것인데, 어떤 질량에 해당되는 점들인지 설명이 있어야 한다. 어떤 흐름이 관찰되는가?

2) 엑셀로 질량, 전체 온도 변화(ΔT), 전체 사용 에너지, C_p(비열용량), 네 가지가 들어간 표를 만들라. 여기서 '전체'는 실험을 시작하여 끝내기까지의 변화를 말한다. 두 가지 데이터(각각의 질량)를 함께 입력하고 근사식(어떤 식? 식 (6)을 살펴보라)으로 C_p를 계산하여 4번째 열에 입력한다. 측정한 비열용량을 J/(g × ℃)로 기록한다. 계산으로 얻은 값은 물의 비열용량과 얼마나 근사한가?

3) 이제 로스팅에 대해 알아보자. 열풍 팝콘 제조기의 온도 vs. 시간 등 로스팅 프로필을 보여 주는 도표를 준비하라. 또한 에너지(kW-hr) vs. 시간의 그래프도 준비한다.

4) 네 가지 장비(주전자, 열풍 팝콘 제조기, 가정용 커피 로스터, 분쇄기)에서 측정한 에너지 사용량을 비교하는 막대그래프를 준비하라. 막대그래프는 산점도와 비슷하지만, 각각을 따로따로 표시하는 대신 막대로 나타낸다(부록 A 참조). **중요:** 장치마다 다른 질량의 원두를 사용했으므로, 질량을 기준으로 에너지 사용량을 평준화하라. 즉 주전자에 사용한 물의 질량당 에너지 소모량, 로스터에 사용한 생두의 질량당 에너지 소모량, 그리고 분쇄기에 사용한 원두의 질량당 에너지 소모량이 얼마인지 계산하고 막대그래프에 분명하게 명기하라.

5) 마지막 장에 다음 질문에 대해 몇 개의 문장으로 분명하게 답하라.

ⅰ) 물을 가열할 때 온도와 에너지 vs. 시간에서 어떤 경향이 보이는가? 물의 질량

에 따른 온도 또는 에너지 vs. 시간의 기울기는 어떠한가? 물의 비열용량의 측정값은 알려진/정립된 값과 어떻게 다른가? 정량적으로 몇 퍼센트 차이가 나는가? 이러한 차이는 어떻게 설명할 수 있는가?

ii) 강배전 원두에 비해 약배전 원두에 대한 정성적 감각평가는 어떠한가? 클레버 커피 추출기로 내린 커피는 이전에 미스터 커피로 만든 것과 비교하여 어떠한가?

iii) 첫 번째 크랙이 발생한 시각은 언제이고 온도는 얼마였는가? 시간에 따라 원두의 색이 어떻게 변화되었는지 추가로 기록한다.

iv) 어떤 기기가 '더 많은' 에너지를 사용했는가? 이것을 주의 깊게 생각해 보라. 어떤 기기가 생두의 질량당 더 많은 에너지를 사용했는가?

물: 생명의 액체? 그렇다, 물은 굉장히 독특하고 놀랍도록 특별하다. 물은 이 행성 그리고 우주에서 가장 중요한 액체 중 하나이다. 무엇보다도 우리가 물 없이 살 수 없다는 것은 분명한 사실이다. 우리가 마시는 커피도 물이 거의 99%를 차지한다. 하지만 이것은 물이 왜 그토록 흥미로운지에 대한 시작점에 불과하다.

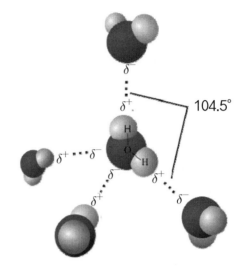

물의 화학적 표현은 두 개의 수소 원자가 한 개의 산소 원자에 붙어 H_2O이다. 위 그림은 얼음 안에서 각 물 분자의 상대적 배열 또는 구조 일부를 보여 준다. 여기서 어두운 공은 산소를, 밝은 공은 수소를 나타낸다. 산소는 '고립 전자쌍'을 가지고 있고 '전기음성도'(쉽게 표현하자면 전자를 당기는 힘)가 높기 때문에, 각 물 분자는 (점선으로 표시된) 주변 물 분자와 '수소 결합'을 형성할 수 있다. 이 결합이 이루어지는 구체적인 과정은 놀랍고도 근사하지만, 중요한 것은(만약 구체적인 과정에 관심이 없다면) 물은 스스로 수소 결합을 형성하여 특정 구조를 가진다는 것이다. 이것이 우리와 무슨 상관일까? 바로 이 구조 때문에 얼음이 얼 때 물 분자가 수소 결합을 잘 형성하여(그래서 각각의 물 분자는 4개의 다른 물 분자와 수소 결합을 한다) 멋진 결정 구조를 이루게 된다. 정렬된 얼

음 결정 때문에 사진의 아름다운 눈꽃이 만들어지는 것이다.

액체 상태의 물 분자들은 얼음보다는 잘 돌아다닐 수 있기에 물 분자당 4개보다는 적은 수소 결합을 한다. 결과적으로 물 분자들은 조금 더 가까워질 수 있다. 이러한 밀집의 차이로 얼음이 액체인 물 위에 뜨는 것이다. 얼음은 액체인 물보다 밀도가 낮은데, 수소 결합이 분자 간 평균 거리를 조금 더 멀게 만들기 때문이다. 또한 얼음의 밀도가 더 낮다는 것은, 물이 어는 동안 부피가 팽창한다는 의미이다. 대부분의 액체는 얼거나 응고될 때 부피가 수축, 즉 감소한다. 근사하지 않은가! 그러나 바로 이런 이유로 밀봉한 병이나 용기에 물을 얼리면 안 되는 것이다. 만약 탄산음료 한 캔을 냉동실에 넣으면, 캔이 부풀어 오르다가 슬러시 같은 잔해를 남기고 결국 터져 버리게 된다.

생명의 관점에서 물보다 얼음의 밀도가 낮은 것은 바다나 호수 같은 수중 생태계에 있어서 대단히 중요하다. 만약 얼음의 밀도가 액체인 물보다 크다면, 호수가 바닥부터 전부 얼어붙어서 식물을 죽이고, 동물들은 거대한 얼음 덩어리 위에 고립되어 결국 식물, 물고기, 동물 등 생명체가 줄어들게 될 것이다.

얼음 속 각각의 물 분자들이 4개의 수소 결합을 만드는 것과 관련하여 또 다른 흥미로운 사실은 얼음 표면에서는 4개의 결합을 만들 수 없다는 것이다. 얼음 표면의 물 분자 주위에는 물이 아니라 공기가 있다. 공기는 수소 결합을 할 수 없다. 따라서 표면의 물 분자들이 강하게 결합하지 못하고 유동성을 띠면서 스키, 스노보드, 스케이트를 탈 수 있게 되는 것이다. 즉 표면의 얇은 물막, 곧 액체상태의 물을 따라 스키, 보드 또는 스케이트가 미끄러지는 것이다. 사실 얼음의 표층은 영하 10℃까지 얼지 않다가 그 이하로 떨어지면 단단히 얼어붙으면서 마찰력이 급격히 상승한다. 물론 소수의 사람들만이 그 추위에 스키나 스노보드, 스케이트를 타려 하겠지만 말이다.

고체에서 액체로의 이러한 변화는 물의 '상평형도'에 담겨 있다. 이것은 특정 온도와 압력에서 고체(얼음), 액체(물), 기체(수증기) 등 물의 다양한 상태를 보여 준다. 표 중앙의 큰 화살표는 1기압(해수면에서 일반적인 대기압)에서 어떤 일이 일어나는지 보여 준다. 수평 점선은 1기압을, 수직 점선은 각각 물의 녹는점, 어는점 그리고 끓는점을 나타낸다. 점선을 따라 오른쪽으로 수평 이동하면 0℃ 이하에서 물은 얼음의 형태로 있고, 열을 가하며 오른쪽으로 움직이면 0℃에서 녹아 액체상태로 바뀐다. 만약 계속해서 열을 가한다면, 100℃에서 끓기 시작할 것이다.

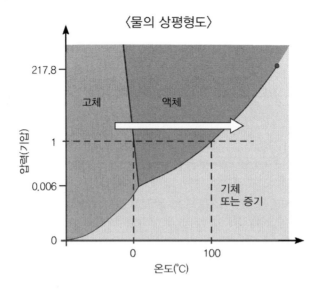

〈물의 상평형도〉

만약 등산을 좋아하거나 고산지대 근처에 살고 있다면, 요리할 때 뭔가 다르다는 것을 눈치챘을 것이다. 물의 상평형도를 보면 왜 이러한 차이가 발생하는지 이해할 수 있다. 높이 올라갈수록 대기압은 줄어든다. 그래서 숨 쉬기가 어려워지는 것이다. 고도 2,400m의 압력은 해수면보다 25% 낮은 0.75기압에 불과하다. 이제 다시 상평형도를 보면, 압력이 낮을수록 물은 약간 더 높은 온도에서 얼고 낮은 온도(100℃가 아니라 약92℃)에서 끓는다는 걸 알 수 있다. 그래서 야영을 할 때 쌀이 설익는 것이며(높은 곳에서 끓는 물은 충분히 뜨겁지 않다), 해발고도에 따라 빵을 굽는 방법도 다른 것이다. 에베레스트산 정상(8,848m)의 압력은 0.33기압에 불과하며, 물은 70℃만 넘으면 끓는다.

이것이 커피와 무슨 관계일까? 또 하나의 놀라운 점은 특정 압력 이하(진공 펌프를 이용하면 쉽게 도달할 수 있는 약0.006기압)에서 얼음을 가열하면, 얼음이 녹아 액체가 되는 것이 아니라 곧바로 고체에서 기체로 변한다는 것이다. 고체가 직접 기체로 변하는 과정을 '승화'라고 부르는데, 드라이아이스(이산화탄소를 고체로 얼린 것)에서 쉽게 관찰된다. (커피 같은) 물질 안에 물이 있다면, 얼음의 융해 없이 바로 승화시킬 수 있다. 커피를 얼린 다음 진공 상태로 두면 모든 수분을 수증기로 제거할 수 있다는 것이다. 이 '동결건조' 공정은 즉석커피를 만들 때뿐만 아니라, 잔여 수분에 의해 약품이 열화되지 않도록 보관할 때에도 이용된다. 미국에서 판매하는 즉석커피의 절반 정도는 동결건조한 제품이다. 나머지는 커피를 분사하고 뜨거운 공기에 접촉시킴으로써 수분을 증발시키는 분무건조법을 사용한다. 동결건조가 분무건조보다 조금 더 비용이 높지만, 아로마와 향 분자를 더 잘 보존하는 것으로 여겨진다. 두 가지 방법을 더 경제적으로 만들려면, 추출한 커피를 건조하기 전에 먼저 다양한 기술을 이용하여 농축시켜야 한다(이것은 실험 12 보너스에서 더 논의할 것이다).

다수의 커피 애호가들은 즉석커피를 그리 선호하지 않기 때문에 미국에서 인기가 없는 것은 사실이다. 그러나 즉석커피는 전 세계 커피 시장의 약 40%를 차지한다. 이는 물의 상평형도 덕분에 만들어진 엄청난 양의 커피이다!

실험 6 - 추출의 물질전달과 플럭스

■ **목표**

이번 실험에서는 물질전달과 플럭스의 개념을 고형 분쇄 커피의 추출에 적용해 알아보고, '용존 고형물 총량(물에 녹아 있는 고체의 총량)'의 정량적 측정과 맛에 대한 정성적 감각평가를 비교할 것이다.

■ **장비**

☐ 클레버 커피 추출기   ☐ 전기 주전자   ☐ 전자 굴절률 측정기
☐ 소비전력측정기   ☐ 가정용 커피 로스터   ☐ 종이컵   ☐ 막자사발

■ **실험 활동**

☐ Part A - 클레버 커피 추출기를 사용하여 TDS와 PE 측정하기
    ☐ 세 가지 크기로 분쇄한 커피 추출하기
    ☐ 서로 다른 온도에서 두 가지 커피 추출하기
    ☐ TDS vs. 추출 시간의 관계를 보여 주는 두 가지 커피 추출하기
☐ Part B - 다음 실험에 사용할 원두 한두 가지 로스팅하기

■ **보고서**

☐ TDS vs. 추출 조건의 막대그래프
☐ PE vs. 추출 조건의 막대그래프
☐ TDS vs. 추출 시간의 산점도
☐ 주요 질문에 대한 답변과 맛 평가

배경지식 – 물질전달

화학공학에서 종종 고려해야 하는 중요한 질문은 "화학물질을 이곳에서 저곳으로 어떻게 옮기는가?"이다. 이 질문은 (큰 배관 같은) 큰 규모에서도 중요하지만, 작은 분자 규모에서는 훨씬 더 중요하다. 이것은 커피에서도 마찬가지이다. 고체 분쇄 커피의 유기 향기 분자와 카페인을 뜨거운 물로 이동시키는 것은 추출한 커피의 전반적인 질을 결정하는 아주 중요한 단계이다.

이번 실험에서는 분자 규모의 물질전달과 관련된 두 가지 주요한 개념을 알아볼 것이다. 첫 번째 개념은 엔지니어들에게 굉장히 중요한 의미를 가지는 '플럭스Flux'이다.

$$\mathrm{Flux} = 단위 면적, 단위 시간당 물질의 양 = \frac{\mathrm{moles}}{\mathrm{m}^2 \times \mathrm{s}} \qquad (1)$$

이처럼 플럭스는 얼마나 많은 물질(즉 얼마나 많은 몰 분자)이 단위시간당 특정 면적을 통해 움직이는지 측정한 것이다. 만약 이동한 전체 분자의 수가 얼마인지에 관심이 있다면, 전체 면적과 시간으로 적분하면 된다. 커피의 관점에서 이 개념은 두 가지 주요 결과를 암시한다. 1) 고체 가루의 표면적이 넓을수록 플럭스를 위한 면적도 더 넓어져서 더 많은 분자들이 이동할 수 있다. 2) 오래 노출시킬수록 더 많은 분자들을 이동시킬 수 있다. 이번 실험에서는 커피를 내리는 동안 얼마나 많은 '커피 물질'이 물속에 추출되는지에 대해 입자 크기와 추출 시간을 비교해 볼 것이다.

두 번째 주요한 개념은 플럭스의 세기는 '농도 차이, 농도 구배'에 비례한다는 것이다. 이 유명한 현상의 표현 방식은,

$$\text{Flux} = k \times (C_s - C_b) \tag{2}$$

이다. 여기서 C_s가 고체 입자(분쇄 커피) 표면에 있는 어떤 분자(카페인이라고 하자)의 농도라면, C_b는 고체에서 멀리 떨어진 액체의 농도를 말한다. 계수 k는 '물질전달 상수'라고 하며, 분자가 주변으로 쉽게 이동하는 정도를 의미한다. 큰 분자는 느리고 움직이기 쉽지 않지만, 작은 분자는 주변으로 빠르게 이동한다. 중요한 사실은 k가 온도에 의해 결정된다는 것이다. 온도가 높을수록 물질전달 상수가 커진다. 또한 액체 자체에 유동성이 있기 때문에 분자가 얼마나 돌아다닐 수 있는지에 따라서도 k값이 달라진다. 만약 혼합물을 휘저으면, k값이 커져서 높은 플럭스를 얻게 된다.

농도 차이($C_s - C_b$)가 물질전달을 위한 '추진력'이 된다. 가장 높은 추진력을 얻으면, 플럭스도 최고가 된다(물의 초기 농도[C_b]가 영[0]인 경우). 시간이 경과하면서 C_s는 줄어드는 반면(고체 입자 안에 있는 분자를 빼앗기기 때문에), C_b는 증가한다. 결국 물이 해당 물질로 포화되면, 용해도 한계에 도달했기 때문에 더 이상의 물질전달이 이루어지지 않는다(예, 물에 녹는 소금 또는 설탕의 양은 한계가 있다). 즉 물질전달의 추진력은 $C_s = C_b$이기 때문에 0이 된다. 그래서 이미 추출한 커피를 다시 내리려는 생각이 끔찍한 것이다. 그것은 추출되지 않고 남아 있는 거대한 쓴맛 분자를 추출하는 것이다.

배경지식 - 추출 강도와 추출

추출한 커피가 너무 '연하거나' '진하다면' 어떻게 해야 할까? 우리는 직관적으로 커피가 너무 진하면 추출비를 증가시키거나 원두를 조금 거칠게 분쇄해야 한다는 것을 안다. 만약 추출 시간을 조절할 수 있는 방법을 사용하여 커피를 내린다면, 추출 시간을 줄일 수도 있을 것이다. 이번 실험에서는 물질전달의 기본을 이해하고 그것의 미세한 조절이 추출의 질과 '농도'에 극적인 변화를 가져오는 이유를 알아볼 것이다. 추출한 커피 속에는 굉장히 다양한 종류의 분자가 있기 때문에, 어떤 특정 분자의 농도를 측정하는 것은 대단히 어려운 일이다. 그래서 우리는 고체 분쇄 커피에서 액체로 이동한 '모든' 분자의 누적 농도를 측정할 것이다. 이 누적 농도는 용존 고형물 총량Total dissolved solids, TDS으로 알려져 있으며, 질량 분율로 표현하는 경우도 있다. 추출한 커피의 일반적인 TDS는 약 1%인데, 이는 질량의 1%가 용존 고형물이고 물이 99%에 가깝다(나머지는 유화된 기름과 가스)는 의미이다.

보통 사람들이 정성적으로 커피가 '진하다'고 말하는 것은 TDS를 인식하여 반응하는 것이다. '연한' 커피를 시각화하기는 쉽다. 보통 반투명의 커피는 상대적으로 TDS가 낮지만, 짙은 색의 '진한' 커피는 TDS가 높다. 그러나 이런 식의 측정은 불완전하다. 추출한 커피의 품질을 결정하는 두 번째 독립적인 변수는 '추출 비율Percent extraction, PE'이다(PE는 '추출 수율', '수율'로도 알려져 있다). 이것은 분쇄 커피에 있다가 액체로 옮겨간 고형물의 질량 비율을 말한다. 다시 말해 PE는 분쇄 커피에서 물로 이동한 고형 커피의 질량이다. 일반적으로 분쇄 커피는 약 70%의 섬유질 같은 물질과 물에 용해되지 않는 다른 화합물로 이루어져 있다. 따라서 가능한 최대 PE는 약 30%이다.

그러나 수용성 화합물 30% 전부를 추출하는 것은 바람직하지 않다. 시음해 보면 30% 가까이 추출한 커피는 항상 불쾌한 쓴맛이 난다. 반면 PE가 약 15% 이하인 '과소 추출된' 커피는 기분 나쁜 신맛과 풋내가 난다. 커피는 1.2~1.3%의 TDS에 18% < PE < 22% 범위 내에서 추출해야 한다는 것에 의견 일치를 보이고 있다(도표에 '고전적인 표준'으로 표기된 영역). 이러한 결과는 '커피 추출 제어 도표'에 정성적으로 정리되어 있다. 이 표는 TDS(수직축), PE(수평축) 그리고 추출비(대각선)를 추출한 커피의 감각적 측면과 관련시킨 것이다.

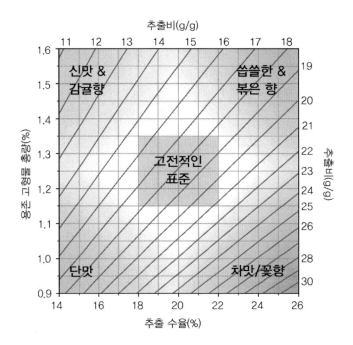

이 제어 도표Control chart 모서리에 있는 감각 특성들은 세밀한 감각적 묘사 분석상 해당 특성이 극대화되는 곳이다. 예를 들어 커피는 도표 전반에 걸쳐 감지할 수 있는 쓴맛을 가지고 있지만, 만약 쓴맛을 극대화하고 싶다면 TDS와 PE를 높이면 된다(도표의 우측 상단 모서리). 반대로 감지할 수 있을 정도로 단맛을 극대화하고 싶다면, TDS와 PE 값을 낮춰야 한다(좌측 하단 모서리). 그러면 여전히 쓴맛과 신맛이 나기는 하지만, 도표의 다른 구역보다 더 단맛이 나게 된다(이 도표를 발전시키는 방법에 대해서는 부록의 '더 읽을거리'를 참고하라).

PE에 따라 향미가 예민하게 변한다는 걸 알았다면, 자연스럽게 'PE를 어떻게 측정할 것인가?' 질문하게 된다. PE를 직접적으로 측정하는 손쉬운 방법은 없다. 그러나 실험 3에서 논의한 질량수지 같은 방법을 사용해 간접적으로 계산할 수 있다. 주된 개요는 동일하다. 단위조작에 넣어 준 커피 분자의 질량은 배출되는 커피 분자의 질량과 같다. 예를 들어,

투입한 커피 고형물의 질량 ＝ 배출된 커피 고형물의 질량　　　(3)

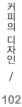

커피 고형물을 투입하는 흐름은 하나지만, 커피 고형물이 배출되는 흐름은 둘이라는 것을 인지하면, 식 (3)은

$$m_{분쇄 커피} = m_{사용 후 남은 분쇄 커피} + m_{추출물 속 커피 고형물} \qquad (4)$$

이 된다. 식 (4)의 각 항은 이 흐름 속 고형물의 질량을 나타내는 것임에 주의해야 한다. 따라서 $m_{추출물 속 커피 고형물}$ 은 말 그대로 추출한 커피 속 고형물의 질량만을, $m_{사용 후 남은 분쇄 커피}$ 는 사용된 커피 찌꺼기에 남아 있는 고형물의 질량만을 나타낸다(커피 찌꺼기에 흡수된 물의 질량은 포함하지 않는다). 따라서

$$TDS(\%) = \frac{m_{추출물 속 커피 고형물}}{m_{추출물}} \times 100 \qquad (5)$$

이고 추출 비율(수율)은 '물로 이동한 최초 고형물의 양'으로 정의된다.

$$PE(\%) = \frac{m_{추출물 속 커피 고형물}}{m_{분쇄 커피}} \times 100 \qquad (6)$$

두 식을 합치면,

$$PE = TDS \times \frac{m_{추출물}}{m_{분쇄 커피}} \qquad (7)$$

를 얻을 수 있다. TDS와 PE는 보통 백분율로 표현하기 때문에, 질량 분율을 백분율로 환산하기 위해 식 (5), (6)에 100을 곱했다. 식 (7)은 TDS와 PE 값을 백분율이든 질량비든 일관되게 사용하기만 하면, 둘 다 적용할 수 있다(TDS가 %라면, PE도 %로). 식 (4)에서 식 (7)을 유도할 수도 있지만, 그 과정이 그리 명확하지는 않다. 이런 경우 추출물 속 커피 고형물의 질량은 질량비를 사용하여 $m_{추출물 속 커피 고형물} = TDS \times m_{추출물}$,

$m_{\text{사용 후 남은 분쇄 커피}} = (1 - PE) \times m_{\text{분쇄 커피}}$ 으로 TDS를 측정해 구한다. 이를 식 (4)에 대입하면 다시 식 (7)을 얻을 수 있다.

부디 식 (7)의 표현이 직관적이길 바란다. 추출물 속의 TDS가 높아지려면, 고형물이 더 많이 추출되어야 한다. 중요한 점은 분쇄 커피와 추출물의 질량 그리고 추출물의 TDS를 측정하면, 추출 수율을 추정하고 커피가 과다/과소추출인지 실질적으로 판단할 수 있다는 것이다.

Part A - 물질전달과 추출의 탐구하기

오늘의 주요 실험은 다양한 물질전달 또는 추출 프로토콜을 비교하여 그것이 최종 맛과 추출된 '커피 물질'의 양에 미친 영향을 측정하는 데 집중할 것이다. 클레버 커피 추출기를 사용하여 여러 가지 추출 시험을 준비하되, 전자 굴절계로 추출한 커피들의 TDS를 측정하여 PE를 계산하고 감각평가를 수행할 것이다.

굴절계의 올바른 사용법

- 커피를 식힌다! 측정기는 높은 온도에서 오류가 날 수 있다. 스포이드로 커피를 조금 덜어 컵으로 옮긴 후, 몇 분간 완전히 식힌다. 그런 다음, 스포이드로 아주 조금을 계량하여 굴절계의 측정 부위에 넣는다.
- 유리 센서가 충분히 덮일 정도만 넣고, 너무 많이 넣지 않는다.
- '메뉴' 버튼은 누르지 않는다. 우리는 세팅 값을 바꿀 필요가 없다.
- 측정이 끝나면 **킴와이프**(과학용 청소 화장지, 일반 휴지 및 티슈는 안 됨)로 센서를 닦는다.
- 굴절계를 옮기지 말고, 자기 순서를 기다린다.

---

0) 먼저 일반 수돗물의 TDS를 측정한다. 일반적인 값은 0.01~0.05%이다(커피는 약 1.25%이다). 실험하는 동안 최소 두 번 이상 측정하라. 이것은 표준 편차, 즉 재현성을 얻으려는 것이다. 또 다른 이유는 굴절계의 눈금이 정확하게 조정되어 있는지 그리고 샘플 측정 부위가 오염되어 있지 않은지 확인하려는 것이다.

1) 다음으로 **표면적**의 영향을 평가하기 위해 클레버 커피 추출기를 이용해 동시에 세 가지 추출을 수행할 것이다. 추출비, 물의 온도(~94℃), 그리고 추출 시간(4~5분)을 동일하게 하고, 세 가지 서로 다른 분쇄도를 비교한다.

  ⅰ) 거친/굵은 분쇄도(최대한 거칠게 또는 원두 자체를 사용해도 된다.)

  ⅱ) 중간 분쇄도('보통'의 분쇄도)

  ⅲ) 고운/미세 분쇄도(최대한 곱게)

만약 막자사발이 있다면, 거친 분쇄도 시료를 만드는 것도 재미있을 것이다(콘앤버 그라인더의 거친 세팅을 이용해도 된다). 추출한 커피의 맛을 보고 감각적 인상을 기록한 다음, (가득 찬 컵과 빈 컵의 질량 차이에서 얻은) 질량뿐 아니라 TDS도 측정하라. PE를 계산하려면 질량과 TDS 모두 필요하다.

2) 다음 목표는 **온도**의 영향을 평가하는 것이다. 전과 같이 추출비와 추출 시간을 동일하게 하되 중간 분쇄도로 두 번을 더 추출할 준비를 하고, 서로 다른 온도를 비교해 보라:

  ⅰ) 적당한 온도(~70℃)

  ⅱ) 매우 뜨거운 온도(99℃ 전후)

다시 한번 맛을 보고 감각평가를 한 뒤, TDS와 최종 추출물의 질량을 측정하라. 뜨거운 것을 맛볼 때에는 늘 조심해야 한다!

3) 마지막으로 **추출 시간**의 영향을 정량화할 것이다. 이번에도 추출비를 동일하게 하되, 중간 분쇄도, 94℃ 이하의 온도로 두 번 더 추출할 준비를 하고, 추출 시간을 비교해 보라:

  ⅰ) 짧은 시간(1분)

  ⅱ) 긴 시간(10분, 분 단위로 시료를 채취하여 측정)

긴 시간, 곧 10분간 실험할 때에는 1분마다 약간의 시료를 종이컵이나 시료 튜브(에펜도르프 튜브)에 던다. 클레버 커피 추출기의 바닥을 살짝 들어 올려 체크밸브를 아주 잠깐 열면 시료를 얻을 수 있다. 시료를 채취하기 전, 클레버 커피 속 내용물을 조심스럽게 저어 잘 섞어 준 다음, 아주 조금만 덜어낸다(굴절계가 TDS를 읽을 수 있을 만큼). 추출물의 질량을 측정하고 맛을 본다.

표면적에 따른 TDS 결과

커피 종류: _____

뜨거운 물의 질량: _____ g 분쇄 커피의 질량: _____ g 추출비: _____

뜨거운 물의 온도: _____ ℃ 추출 시간: _____ 분

분쇄도: 거침/굵음

빈 컵의 질량: _____ g   가득 찬 컵의 질량: _____ g

추출한 커피의 질량: _____ − _____ = _____ g

TDS: _____ % PE: _____ (TDS) × _____ ($m_{추출물}$) ÷ _____ ($m_{분쇄 커피}$) = _____ %

감각평가:

_____

_____

분쇄도: 중간

빈 컵의 질량: _____ g   가득 찬 컵의 질량: _____ g

추출한 커피의 질량: _____ − _____ = _____ g

TDS: _____ % PE: _____ × _____ ÷ _____ = _____ %

감각평가:

_____

_____

분쇄도: 매우 고움/미세함

빈 컵의 질량: _____ g   가득 찬 컵의 질량: _____ g

추출한 커피의 질량: _____ − _____ = _____ g

TDS: _____ % PE: _____ × _____ ÷ _____ = _____ %

감각평가:

_____

_____

일반 물의 TDS 결과

1차 측정: _____ % 2차 측정: _____ % 3차 측정: _____ %

온도에 따른 TDS 결과

커피 종류: _____

뜨거운 물의 질량: _____ g 분쇄 커피의 질량: _____ g 추출비: _____

뜨거운 물의 온도: _____ ℃ 추출 시간: _____ 분

온도: **보통 온도**

물의 온도: _____℃

빈 컵의 질량: _____ g 가득 찬 컵의 질량: _____ g

추출한 커피의 질량: _____ − _____ = _____ g

TDS: _____ % PE: _____ × _____ ÷ _____ = _____ %

감각평가:

_____

_____

_____

_____

_____

_____

온도: **뜨거운 온도**

물의 온도: _____ ℃

빈 컵의 질량: _____ g 가득 찬 컵의 질량: _____ g

추출한 커피의 질량: _____ − _____ = _____ g

TDS: _____ % PE: _____ × _____ ÷ _____ = _____ %

감각평가:

_____

_____

_____

_____

_____

_____

추출 시간에 따른 TDS 결과

커피 종류: _____

뜨거운 물의 질량: _____ g 분쇄 커피의 질량: _____ g 추출비: _____

분쇄도: _____ 뜨거운 물의 온도: _____ ℃

추출 시간: 짧은 시간

추출 시간: _____ 분

빈 컵의 질량: _____ g   가득 찬 컵의 질량: _____ g

추출된 커피의 질량: _____ − _____ = _____ g

TDS: _____ % PE: _____ × _____ ÷ _____ = _____ %

감각평가:

_____

_____

추출 시간: 긴 시간

빈 컵의 질량: _____ g   가득 찬 컵의 질량: _____ g

추출된 커피의 질량: _____ − _____ = _____ g

시간(분)	TDS	시간(분)	TDS

감각평가:

_____

_____

로스팅 결과

커피 종류: _____ 로스터 세팅: _____

생두의 질량: _____ g 로스팅 후 질량: _____ g

로스팅 소요 시간: _____ 분 에너지 사용량: _____ kW-hr

기록: _____

_____

_____

_____

_____

_____

_____

_____

_____

_____

_____

커피 종류: _____ 로스터 세팅: _____

생두의 질량: _____ g 로스팅 후 질량: _____ g

로스팅 소요 시간: _____ 분 에너지 사용량: _____ kW-hr

기록: _____

_____

_____

_____

_____

_____

_____

_____

_____

_____

Part B – 로스팅

다음 실험에 사용할 원두를 두 가지 로스팅하라. 원두에 맞는 최적의 로스팅을 알아보려면 서로 다른 원두로 로스팅 레벨을 시험해 보라.

중요: 이전 실험의 로스팅 설정값은 최적화된 것이 아니었다. 비교를 위해 특정 로스팅 레벨(배전도)을 얻게 되어 있었다. 원두에 따라 아주 좋은 맛이 나는 것은 5분, 8분 혹은 그 이상 로스팅하기도 한다. 여기 약간의 팁이 있다. 팬 속도가 빠를수록 로스팅 시간이 길어지게 된다. 하지만 원두가 탈 수 있으므로 팬 속도를 5 이하로는 떨어뜨리지 않도록 한다. 단순히 원두의 종류를 바꾸고 이전과 동일하게 로스팅해도 되지만, 향미를 바꾸려면 로스팅 프로필(온도 vs. 시간)을 연구할 것을 강력히 권한다.

팬 속도, 전력 세기 그리고 남은 시간은 로스팅 중에 바꿀 수 있다. 먼저 제어 버튼을 누르고 팬, 파워, 시간을 원하는 상태로 설정한 다음, 노브(스위치 혹은 다이얼)를 목푯값으로 돌리면 된다. **(아직 시간이 남아 있더라도) 로스팅을 멈추고 싶다면, run/cool 버튼을 눌러 로스팅을 쿨링으로 바꿀 수 있다.** 로스팅을 시작할 때 휴대폰 타이머를 실행하여 소요 시간을 기록하라. '남은 시간'을 보면 혼란스러울 수 있는데, 특히 그것을 변경하는 경우 더 그럴 것이다. 또 다른 중요한 팁은 노브를 90도 돌려서 로스터 안으로 들어가는 공기의 온도를 확인할 수 있다는 것이다.

일반적으로 모든 로스팅은 시작할 때부터 계속 원두가 움직여야 한다(팬 속도 9). 그래야 가열된 공기가 내부로 들어가면서 아래쪽에 있는 원두가 타지 않는다. 생두는 수분을 잃고 밀도가 낮아질수록 더 쉽게 움직인다. 따라서 팬의 속도를 낮춰(5~8 정도) 원두에 더 많은 열을 가할 수 있다. 로스팅을 하는 동안 전력 수치를 변경할 수도 있다. 경험적으로 맛 좋은 약/중배전은 8~9분, 강배전은 9~10분 로스팅하면 된다. 그러나 커피 원두는 엄청나게 다양하기 때문에, 특정 원두에 따라 최적화할 필요가 있다.

실험 보고서

각 조는 다음을 제출한다. (1) 추출한 커피 7개의 TDS 값을 보여 주는 막대그래프, (2) 각각의 PE 값을 보여 주는 막대그래프, (3) TDS vs. 추출 시간의 산점도, (4) 아래 질문에 대한 간단한 답. 막대그래프는 정확하게 분류되어 있어야 한다. 막대 옆에 '글자 삽입'을 사용하면 맛에 대해 간략하게 메모할 수 있다(둘 중 하나에 메모하면 된다). 답해야할 질문은 다음과 같다.

1) 수돗물의 TDS는 얼마인가? 얻은 값은 합리적인가? 왜 그렇게 생각하는가? TDS를 ppm으로 바꾸면 얼마인가?(실험 6 보너스 참고)

2) 어떤 변수(분쇄도, 온도, 또는 추출 시간)가 TDS에 가장 두드러지게 영향을 주었는가? 그렇게 생각하는 이유는 무엇인가?(힌트: 식 (1) 참고) 그것이 정성적인 맛에도 현저하게 영향을 미쳤는가? 아니라면 이유는 무엇인가?

3) 마찬가지로 어떤 변수(분쇄도, 온도, 또는 추출 시간)가 PE에 두드러지게 영향을 주었는가? TDS와 PE의 기울기는 다른가? 만약 그렇다면, 그 차이는 무엇으로 설명할 수 있는가?

4) 이상적인 추출 비율은 일반적으로 약 20%이며 TDS는 1.3% 전후이다. 추출 조건중 어느 것이 이상적인 추출에 가장 근접했는가? 그것이 추출한 커피 중 가장 맛이 좋았는가? 다른 것과 비교하여 맛이 어떠했는가? (커피 맛을 측정하는 최고의 도구는 TDS 측정기가 아니라 우리의 혀다!) 그 커피의 TDS는 몇 ppm인가?

5) 추출 시간에 따라 TDS가 어떻게 변하는지 설명하라. 그렇게 달라지는 이유는 무엇인가? 만약 시료를 덜기 전에 커피를 젓지 않았다면, 결과가 달라졌을까? 또 커피를 20분간 추출했다면 TDS와 PE에 무슨 일이 벌어질까?

실험 6 보너스 – 'ppm'이 도대체 뭔데?

어떤 물질의 농도가 대단히 묽을 때, '백만분율Part per million', 즉 ppm이라는 단위를 사용한다. 예를 들어 음용수에 자연적으로 발생할 수 있는 화학물질(괜찮은 것–소듐, 마그네슘, 불소/ 좋지 않은 것–납, 비소)의 양

용액	대략적인 용존 고형물
증류수	1ppm
생수	250ppm
'경수' 수돗물	450ppm
기수(강 하구)	3,000ppm
블랙커피	13,000ppm
바닷물	35,000ppm

은 ppm으로 나타낸다. 관심이 있든 없든 대부분의 도시에서는 수돗물에 무엇이 포함되어 있는지에 대한 수질 보고서를 발표한다. 만약 수돗물을 커피 추출에 사용한다면, 결국 커피에 그 화학물질들이 포함되어 있을 것이다! 예를 들어 캘리포니아 데이비스시의 평균 소듐 농도는 85ppm, 염소는 21ppm 그리고 불소는 0.3ppm이다. 어떤 수치들은 너무 낮아서 ppb(천만분율, Part per billion)가 사용되는데, 이를테면 납은 0.5ppb 이하이다.

그러면 ppm은 정확히 무엇을 의미하는가? 불소(F)를 예로 들면, 0.3ppm은 1,000,000g의 수돗물에 0.3g의 불소가 들어 있다는 말이다. 여기서 g을 측정 단위로 사용했지만, 둘 다 같은 단위라면 파운드나 kg도 사용할 수 있다.

$$불소\,1ppm = \frac{불소\,1g}{물\,1,000,000g},$$

$$또는\,일반적으로,\,1ppm = \frac{어떤\,물질\,1단위}{물\,1,000,000단위}$$

흥미로운 사실은 데이비스시와 달리 대부분의 도시와 마을에서는 치아 부식방지를 위해 미 연방정부 보건복지부United States Department of Health and Human Services에서 권장하는 0.7ppm 정도의 불소가 포함된 수돗물을 공급하고 있다는 것이다. 그러나 물에 포함된 과량의 불소는 치아 불소증을 초래한다. 이것은 치아 상아질의 외관을 영구적

으로 변화시켜 하얀 점이 생기기도 하고, 심각하게는 얼룩이 지거나 움푹 파이는 경우도 있다. 다행히 치아 불소화는 치아 성장기에만 주의하면 된다. 그래서 아이들에게 양치한 후 치약을 뱉고 입 안을 헹구도록 가르치는 것이다.

그러나 물속의 ppm 또는 다른 화학물질이 커피와 무슨 상관인가? 사실, 커피에는 원두에서 추출된 엄청나게 다양한 분자들이 ppm 수준으로 포함되어 있다. 추출한 커피 안에 든 물질들을 정량화하기 위해 TDS를 측정할 때, 이상적인 값은 1.3% 전후이며, 이를 ppm으로 환산하면,

$$1.3\%\,\mathrm{TDS} = \frac{\text{고형분 } 1.3\mathrm{g}}{\text{물 } 100\mathrm{g}} = \frac{\text{고형분 } 1.3\mathrm{g}}{\text{물 } 100\mathrm{g}} \times \left(\frac{\text{물 } 10^6\mathrm{g}}{\text{물 } 10^6\mathrm{g}} \right)$$

$$= \frac{\text{고형분 } (1.3 \times 10^6 / 100)\mathrm{g}}{\text{물 } 10^6\mathrm{g}} = \frac{\text{고형분 } 13{,}000\mathrm{g}}{\text{물 } 10^6\mathrm{g}} = 13{,}000\mathrm{ppm}$$

이다.

엄청나게 많은 양처럼 보이지만, 다수의 중요한 향미 분자들은 각각 10~100ppm 범위 내에 있거나 그 이하이다(약 1,000가지의 분자들이 커피의 향에 영향을 미친다). 커피 속에 든 다른 모든 화학물질들은 (수치가 낮음에도) 화학적 분석을 통한 커피 추출의 최적화를 지독히 어렵게 만든다. 로스팅을 하면서 일어나는 화학반응은 대부분 너무 복잡해서 완전히 분석할 수 없고 농도도 낮아서 추출한 커피의 맛 프로필에 대한 영향을 정량화하기 어렵다. 게다가 다양한 향미 분자에 대한 민감함도 사람마다 다르다. 한가지 사실을 더하자면 수원에 따라 물의 화학적 조성이 다르고, 그 결과 커피의 분석과 최적화는 매우 어려운 과학적 문제가 된다. 물론 가능한 모든 분석 도구를 이용할 수 있지만, 결국 가장 좋은 측정 장치는 모두에게 있는 미뢰[5]라는 것을 깨닫게 될 것이다.

---

5 미뢰(맛봉오리): 맛(단맛, 짠맛, 신맛, 쓴맛, 감칠맛, 지방맛)을 느낄 수 있는 감각세포

The Design of Coffee
: An Engineering Approach

실험 7
– 물의 화학과 추출에 미치는 영향

▣ 목표

이번 실험의 가장 중요한 목표는 다음 질문에 답을 하는 것이다. "커피 추출에 가장 좋은 물은 어떤 것인가?" 우리는 물의 화학에 대한 다양한 측정 방법을 논의하고 측정한 pH 및 TDS 값을 맛의 정성적인 감각평가와 비교할 것이다.

▣ 장비

□ 클레버 커피 추출기 □ 전기 주전자 □ pH 미터 □ 굴절계
□ 가정용 커피 로스터 □ 증류수 □ 엡솜 염 □ 베이킹소다

▣ 실험 활동

□ Part A – 구성이 다른 다섯 가지 물을 준비하여 맛보기
□ Part B – 다양한 물로 커피를 추출하고 맛 비교하기
    □ 클레버 커피 추출기를 사용하여 동일한 커피를 서로 다른 물로 4회 추출하기
    □ 가장 맛이 좋은 커피를 만들기 위해 맞춤형 물로 2회 더 추출하기
□ Part C – 다음 실험에 사용할 원두 두 가지 로스팅하기

▣ 보고서

□ pH와 TDS vs. 물의 종류 막대그래프
□ 추출한 커피의 pH vs. 물의 알칼리도 막대그래프
□ 추출한 커피의 TDS vs. 물의 총 경도 막대그래프
□ 이 실험의 주요 질문에 대한 답과 맛에 대한 간단한 평가

배경지식

심혈을 기울여 로스팅한 고품질의 생두를 며칠 뒤에 조심스레 추출했는데, 당신이 만든 최고의 커피임이 확실하다. 실험 4에서 이미 추출한 지 한 시간이 지난 커피의 맛은 처음과 다르다는 것을 알게 되었다. 이번에는 반드시 나의 커피 추

출 기술로 친구를 놀라게 하리라. 당신은 원두, 분쇄기, 추출 도구까지 직접 챙겨가서 집에서 한 그대로 커피를 만들었다. 맛을 본 친구는 또다시 "그럭저럭 괜찮네"라고 한다. 당황해서 직접 맛을 보니, 이해가 된다⋯ 지금 커피 맛은 '그럭저럭'일 뿐이다. 이번엔 또 무슨 일이 벌어진 걸까?

추출한 커피는 거의 99%가 물이다. 당연하게도 수질은 훌륭한 커피를 추출하는 데 중요한 요소이다. 수돗물 수질은 집집마다 다를 가능성이 크다. 이것은 이론적인 가정이 아니다. 커피숍 체인점을 운영하는 사람들은 도시마다, 심지어 동네마다 수질이 다르다는 것을 알고 있다. 그래서 각각의 물을 원하는 사양으로 만드는 데 많은 어려움을 겪고 있다. 그렇다면 원하는 사양이란 무엇일까? 어떻게 해야 추출하기 좋을까?

말도 안 되는 가정이지만, 순도가 높다는 이유로 증류수를 사용하여 최고의 커피를 만든다고 생각해 보자. '증류수'는 물을 끓여 수증기로 만든 다음 다른 용기 안에 다시 액체상태로 응축시킨 것으로, 본래 물에 있던 모든 이온과 미네랄들은 용기에 남게 되어 매우 순수하다. 증류수의 맛을 본 적이 있다면, 그 맛이 그리 좋지 않다는 것을 알 것이다. 사라진 이온과 용해된 미네랄들이 물맛을 좋게 하기 때문이다. 따라서 커피에 사용하는 물에도 적절한 양의 이온과 미네랄이 있어야 맛이 좋고 훌륭한 커피를 추출할 수 있다.

스페셜티 커피협회에서는 어떤 물이 커피 맛을 좋게 하는지 알아내기 위해 많은 시간을 할애하고 있다. SCA가 제시한 '표준수질'에 따르면, 무색무취에 투명하며, 신선하고 깨끗한 냄새가 나는 것이어야 한다. 이것은 굉장히 합리적으로 들린다(누가 이상한 냄새가 나거나, 변색된 물을 마시고 싶어 하겠는가?). 그러나 물의 사양은 보다 더 명확해야 한다. 구체적으로, 커피 추출에 사용할 수질을 규정하는 네 가지 화학적 지표가 있다.

- pH
- 소듐/나트륨
- 총 경도
- 염기성(알칼리도)

이들 화학적 지표들은 특정 화학 성분의 농도(부피당 양)를 나타낸다. SCA의 '표준 수질'은 각각의 목표 농도와 허용 범위를 제공한다(오른쪽 표). 캘리포니아 데이비스시의 수돗물로 커피를 추출하면 확실히 기준에서 벗어난다는 것을 알 수 있다. 이게 중요할까? 이번 실험에서는 추출 수질의 지표에 따라 추출한 커피의 특성이 어떻게 변하는지 탐구할 것이다! 하지만 먼저 수질을 규정하는 각 지표에 대해 살표보자.

pH − 실험 4에서 다룬 pH는 이미 친숙할 것이다. 복습하자면 pH는 용액의 산성 농도를 측정한 값으로, $pH = -\log_{10}[H_3O^+]$이다. 여기서 [ ]는 L당 몰수로 농도를 나타낸다. 완벽하게 증류한 물의 pH는 7이지만, 공기에 노출되면 대기 중에 있는 이산화탄소가 물에 흡수되어 탄산이 되면서 pH가 5.8 정도로 떨어진다. pH는 커피 추출에 대단히 중요한 요소이다. pH가 너무 낮은 물을 사용하면, 추출한 커피는 과한 산성이 되어 강한 신맛이 나게 된다. 어느 정도 산미가 있는 것이 좋기는 하지만, pH가 너무 높은 물을 사용하면, 커피에 있는 산이 중화되어 맛이 '단조롭고' 지루해진다. 따라서 pH 7 정도를 목표로, 6~8 범위 내에 있어야 한다(이어서 논의하겠지만, 알칼리도 또한 추출한 커피의 산도에 영향을 미친다).

소듐(나트륨) − 이 지표는 물속에 있는 소듐 이온(Na^+)의 농도이다. 화학식이 NaCl인 '염화소듐/염화나트륨'은 단순한 식용 소금임을 기억하자. 그러면 소듐 수치가 물의 '짠 정도(염도)'에 영향을 준다고 생각할 수 있다. 당연하게도 소금이 너무 많으면 맛이 좋지 않고, 너무 적어도 물맛이 생기 없이 밋밋해진다. 목표로 하는 값은 10mg/L이고, 30mg/L 미만이어야 한다(비교. 바닷물은 약 30g/L로 1,000배 더 짜다. 바닷물은 커피 추출에 사용할 수 없다).

SCA 표준 추출수			U.C. 데이비스 지하수[1]	Crystal Geyser 광천수[2]	증류수
수질 항목	목푯값	허용 범위			
pH	7	6~8	8.3	7.2~7.3	5.5~6
경도	68mg/L	50~175mg/L	120mg/L	26~38mg/L	0
알칼리도[3]	40mg/L	40~75mg/L	210mg/L	45~57mg/L	0
소듐	10mg/L	<30mg/L	72mg/L	10~12mg/L	0

1 미국 환경보호청(Environmental Protection Agency, EPA)은 각 도시의 상수도시스템에 수질 보고서를 발표하도록 하고 있다. 도시 이름과 '수질 보고서'를 검색하면 수돗물 안에 무엇이 들어 있는지 확인할 수 있다. 위 수치들은 2019년 1~12월 데이비스시의 지하수를 검사한 것이다. 학교에서 2017년 7월부터 연질의 음용수를 위해 표층수부터 새크라멘토(Sacramento)강에 이르는 관개 사업을 시작한 후, 캠퍼스의 수돗물로 추출한 커피의 맛이 눈에 띄게 개선되었다![6]
2 간편하게 사 먹는 생수의 수질 분석 보고서를 찾아볼 수도 있다. 경도가 낮을수록 에스프레소 장비를 유지하는 데 최적이라고 여겨지기에, Crystal Geyser Alpine 광천수는 가정용 에스프레소 머신에 사용해도 된다고 추천하는 경우가 많다.
3 다른 화학 요소들도 알칼리도에 기여하지만, 여기서는 $CaCO_3$와 동량으로 정의했다. 1mg/L는 1ppm과 동량이다(112 페이지 참고).

총 경도 – 이것은 조금 까다로운 개념이기 때문에 자세히 살펴볼 것이다. 총 경도는 주로 물속에 있는 칼슘(Ca^{2+})과 마그네슘(Mg^{2+}) 이온의 농도를 측정한다. 원래 물의 경도는 얼마나 쉽게 또는 어렵게 거품을 일으킬 수 있는가를 의미한다. 경수(센물)는 거품을 일으키기 어려운 반면, 연수는 훨씬 쉽고 피부의 마찰력도 낮아져서 샤워할 때 모든 것이 매끄럽게 느껴진다. 경수는 마찰력이 높아서 '뽀득뽀득 깨끗'한 느낌이 든다.

보다 정확하게 물의 경도는 물속에 있는 다가Polyvalent의 양전하로 하전된 이온의 농도를 말한다. 이것은 정확히 무슨 의미인가? 파스타를 삶을 때, 식용 소금(NaCl)을 물에 넣는 상황을 생각해 보자. 소량의 소금은 금세 물에 녹아 요리하는 동안 파스타에 풍미를 더하는 Na^+와 Cl^-를 얻게 된다. Na^+와 Cl^- 모두 1가(+1 또는 −1) 이온이다. 두 개의 양전하를 가지는 Ca^{2+}과 Mg^{2+} 같은 다가 양이온들은 비누와 반응하여 금속 화합물

6 **역자 주** 한국에서는 각 지자체의 상수도사업본부에서 수질 보고서를 발표한다.

과 염류가 침전된다. 이것이 비누 거품 생성을 어렵게 만들고 마찰을 높여 결과적으로 욕조 안에 비누 거품 찌꺼기로 물때가 끼게 된다. 칼슘과 마그네슘 모두 이가(+2) 금속 이온이고, 물에는 아마도 알루미늄, 바륨, 철, 망간, 아연과 같은 다른 다가 금속 이온도 포함되어 있을 것이다. 캘리포니아 데이비스시에서는 이러한 이온들이 검출 한계 이하이다.

그러면 무엇으로 연수와 경수를 정의할까? 이것은 다소 까다로운 일이다. 화학공학자나 도시의 수질을 측정하는 사람들은 단순히 물속에 존재하는 이온의 실제 농도(mol/L 또는 mg/L)를 말해 줄 뿐이다. 안타깝게도 물의 경도는 오래된 용어로서 훨씬 더 혼란스러운 개념이다. 물의 경도는 보통 'L당 동량의 탄산칼슘 mg'으로 표현한다. 여기에는 다른 모든 다가 금속 이온이 포함되어 있지만, $CaCO_3$으로 바뀌었을 때와 동일한 수치로 표현한다. 그래서 물의 경도를 탄산염(일시적)과 비탄산염(영구적) 경도로 표현하는 것이다. 일시적인 경도는 $CaCO_3$에서, 영구적 경도는 다른 다가 양이온에서 기인한다. 예를 들어 12mg/L로 물에 용해된 $MgSO_4$(분자량 120g/mol)이 있다면(Mg^{2+}와 SO_4^{2-}), 이것의 L당 몰 농도는

$$\left(\frac{0.012\,g}{L}\right)\left(\frac{mol}{120\,g}\right) = 0.00010\,\frac{mol}{L}$$

이다. 물속에는 0.0001몰(mol)의 Mg^{2+}와 0.0001몰의 SO_4^{2-}가 있을 것이다. 만약 $CaCO_3$과 동량의 mg으로 표기하고 싶다면, Mg^{2+}의 몰수를 $CaCO_3$(분자량=100g/mol)에서 기인한 동량의 Ca^{2+} 몰수로 치환하면 된다. 다시 말해서

$$\left(0.00010\,\frac{mol}{L}\right)\left(\frac{100\,g}{mol}\right) = 0.010\,\frac{g}{L} = 10\,\frac{mg}{L}$$

이다. 계산 과정에 지레 겁먹지 마라. 우리는 화학공학자처럼 생각하고 있으므로, 물의 실제 농도를 사용할 것이다.

칼슘이나 마그네슘은 어떻게 물속으로 들어오게 된 걸까? 대부분의 바위와 광물 그리고 토양에는 물에 용해될 수 있는 칼슘과 마그네슘이 함유되어 있다. (석회로도 알려

진) 탄산칼슘은 위산을 중화시키는 제산제의 주성분이다. 다음은 탄산칼슘과 식초인 아세트산의 화학반응으로, 칼슘 아세테이트, 물 그리고 이산화탄소가 발생한다.

$$CaCO_3 + 2CH_3COOH \rightarrow Ca(CH_3COO)_2 + H_2O + CO_2$$

비슷한 화학반응이 마그네슘에서도 일어난다. 이 둘은 모두 실제 물맛에 영향을 미친다. 증류수와 알파인 광천수를 비교해 보자. 알파인 광천수에는 미네랄과 염분이 있어서 물맛이 다르다.

마지막으로 연수는 무엇이고 경수는 무엇일까? 이제 물의 경도가 용해되어 있는 금속 다가 이온을 측정하는 것으로, $CaCO_3$의 L당 동량의 mg으로 나타낸다는 것을 알게 되었다. 연수는 일반적으로 60~120mg/L, 적당한 경수는 120~180mg/L, 강한 경수는 180mg/L 이상이다. $CaCO_3$의 분자량인 100으로 나누어 물속 금속 다가 이온의 실제 몰수로 치환하는 것은 조금 더 그럴듯한 표현 방법이다. 150mg/L의 적당한 경수는 다음과 같다.

$$\left(\frac{0.150\,g}{L}\right)\left(\frac{mol}{100\,g}\right) = 0.0015\frac{mol}{L}$$

또 '갤런당 그레인(Grain, 질량의 최저 단위, 0.0648g)'을 참고할 수 있다. 1그레인은 물 1갤런당 65mg으로 정의된다. 그래서 SCA는 갤런당 약 4그레인과 동량인 68mg/L을 물의 목표 경도로 한다.

경도는 추출된 커피에 어떤 영향을 미칠까? 이것은 복잡한 질문이고, 여전히 활발히 연구 중인 분야이다. 그러나 주요 개념은 다가 양이온의 농도가 커피의 고형분 용해에 중요한 역할을 한다는 것이다. 즉 Ca^{2+}와 Mg^{2+}의 상대적 양은 다른 화학 성분들이 얼마나 쉽게 또는 어렵게 용해되어 추출되는지에 영향을 미치고 결국 풍미와 향미에도 영향을 끼친다는 것이다. 이온이 충분하지 않으면 물질전달이 줄어들고, 너무 많은 이온은 과도한 물질전달을 일으킨다. 커피 향미가 긍정적 또는 부정적 영향을 받는 것은 커피에 따라 다르기 때문에, SCA의 지침은 일반적인 척도일 뿐이다.

알칼리도 – 아쉽게도 알칼리도도 오래되고 이상한 수질 측정 방식이다. 이것은 근본적으로 산성을 중화할 수 있는 능력을 측정하는 것으로, 물속 탄산 CO_3^{2-}, 중탄산(탄산수소) HCO_3^-, 수산화 OH^- 화합물의 농도로 표현하지만, L당 동량의 탄산칼슘 mg으로도 표기한다. 탄산 CO_3^{2-}, 탄산수소 HCO_3^-, 수산화 OH^- 화합물은 각각 H_3O^+ 이온과 결합/반응하여 산을 중화한다. pH는 물의 H_3O^+ 또는 H^+ 농도의 측정값임을 기억하자. 반면에 총 알칼리도는 물이 산을 중화하여 pH 변화에 저항할 수 있는 능력을 나타낸다.

총 알칼리도는 물의 pH를 4.2로 맞추는 데 필요한 산(예, 황산)의 양을 측정하여 정해진다. 왜 pH 4.2인가? pH 4.5에서 모든 탄산염, 중탄산염은 수산화 이온과 반응하여 물을 형성하는 탄산(H_2CO_3)으로 전환된다. pH 4.5 이하(즉 pH 4.5~4.2)에서는 물과 그 안에 있는 화합물이 황산을 중화시킬 수 없다. 시료에 가해진 황산의 양과 시료의 pH 변화는 선형의 상관관계를 가지고 있다. 왜 황산인가? 이것은 미국 환경보호청이 물의 알칼리도를 어떻게 정의하는지에 달려 있다.

$$2H^+ + CO_3^{2-} \rightarrow H_2CO_3$$

L당 동량의 탄산칼슘을 살펴보면, 그것이 수질을 이해하고 정량화하는 데 대단히 중요하다는 것과 다른 화합물 혹은 화학종들이 그것과 유사한 반응을 나타낸다는 것을 더 명확히 알게 될 것이다. 보통 화학공학자들은 거침없이 $CaCO_3$을 언급하며 물에 정확히 어떤 물질이 들어 있는지 간단히 설명할 것이다. 개별 화학종의 농도를 측정하는 방식의 단점은 더 정밀하고 값비싼 측정법이 요구된다는 것이다.

계산 예

캘리포니아 데이비스시의 물과 SCA가 제안하는 이상적인 추출 조건을 직접 비교해 보자. 다음으로 증류수와 데이비스시의 물을 섞어 더 이상적인 추출수를 만들어 볼 것이다. 또한 각자가 거주하는 도시의 물과 SCA에서 제안하는 수질을 비교해 볼 것을 권장한다. 수돗물에 어떤 성분이 들어 있는지 찾아보려면, 도시의 이름과 '수질 보고서'를 검색해 보라.

먼저 데이비스시의 물속 Ca^{2+}와 Mg^{2+}의 mg/L를 L당 동량의 탄산칼슘($CaCO_3$)의 mg으로 변환해야 한다. 데이비스시의 수질 보고서를 자세히 살펴보면, 총 경도가 17mg/L의 칼슘과 12mg/L의 마그네슘(합계 29mg/L의 총 경도)으로 구성되어 있음을 볼 수 있다. 따라서 우리가 해야 할 일은 다음과 같다. (1) Ca^{2+}와 Mg^{2+}의 몰수를 결정한다. (2) 우리도 $CaCO_3$와 동일한 몰수를 가지고 있다고 가정한다. (3) $CaCO_3$의 몰수를 질량으로 변환한다. 이후 데이비스시 수돗물의 실제 Ca^{2+}와 Mg^{2+}의 양에 기초하여 L당 동량의 탄산칼슘($CaCO_3$)의 mg을 얻게 된다.

1. Ca^{2+}의 mg/L를 L당 몰수로 변환한다. Ca의 분자량은 40g/mol이다.

$$\left(\frac{17\,mg\,Ca^{2+}}{L}\right)\left(\frac{1\,g}{1000\,mg}\right)\left(\frac{mol}{40\,g}\right) = 0.00043\frac{mol\,Ca^{2+}}{L}$$

2. 우리에게 0.00043mol/L의 Ca^{2+}가 있으며 $CaCO_3$에 대응하는 동일한 몰수가 있다고 가정한다.

$$0.00043\frac{mol\,Ca^{2+}}{L} = 0.00043\frac{mols\,equiv\,CaCO_3}{L}$$

3. 탄산칼슘의 mg을 찾기 위해 대응되는 $CaCO_3$의 몰수를 $CaCO_3$의 분자량 =100g/mol에 기초하여 질량으로 변환한다.

$$0.00043\frac{mols\,equiv\,CaCO_3}{L}\left(\frac{100\,g\,CaCO_3}{mol}\right)\left(\frac{1000\,mg}{g}\right)$$
$$= 43\frac{mg\,CaCO_3\,equiv}{L}$$

이 과정을 분자량이 24.3g/mol인 12mg/L의 Mg^{2+}에서도 반복한다.

$$\left(\frac{12\,mg\,Mg^{2+}}{L}\right)\left(\frac{1\,g}{1000\,mg}\right)\left(\frac{mol}{24.3\,g}\right) = 0.00049\,\frac{mol\,Mg^{2+}}{L}$$

또는 $0.00049\,\dfrac{mols\,equiv\,CaCO_3}{L}$

이고

$$0.00049\,\frac{mols\,equiv\,CaCO_3}{L}\left(\frac{100\,g\,CaCO_3}{mol}\right)\left(\frac{1000\,mg}{g}\right)$$

$$= 49\,\frac{mg\,CaCO_3\,equiv}{L}$$

이다.

Ca^{2+}와 Mg^{2+}에 해당하는 L당 동량의 탄산칼슘의 mg을 더하면 43+49=92mg/L가 된다. 데이비스시의 물은 SCA 권고 사항인 68mg/L보다 높지만, 여전히 용인할 수 있는 범위인 50~170mg/L 내에 있다.

그러나 알칼리도가 170mg/L로 허용 범위인 40~75mg/L에 비해 너무 높다. 이를 어떻게 중화할 수 있을까? 허용 범위에 근접한 값을 얻는 그럴듯한 방법 중 하나는 증류수를 데이비스의 물에 희석하는 것이다. 만약 데이비스의 물과 증류수로 50:50 혼합물을 만든다면, 다음과 같은 결과를 얻게 된다.

총 경도: 92mg/L ÷ 2 = 46mg/L

알칼리도: 170mg/L ÷ 2 = 85mg/L

이렇게 하여 총 경도를 10% 낮추고 알칼리도는 10% 높여 허용 범위에 근접하게 되었다. 이 50:50 혼합물은 간단하게 추출한 커피의 맛이 향상되는지 살펴볼 만한 가치가 있다(단순화를 위해 pH의 변화는 무시했다)! 만약 조금 더 열정이 있어서 이상적인

SCA 추출 수질 권고 사항을 맞추고 싶다면, 증류수를 조금 더 희석시켜 40mg/L의 이상적인 알칼리도를 얻을 수 있다(비율은 데이비스의 물 1에 증류수 3.25). 그러나 너무 많이 희석하면, 경도는 고작 21mg/L가 된다. 알칼리도의 변화 없이 경도를 조절하려면, 엡솜 염($MgSO_4$, 분자량=120g/mol)을 추가할 수 있다. 엡솜 염은 Mg^{2+} 이온을 추가함으로 경도를 높이지만, 알칼리도에는 변화가 없다. 안타깝게도 경도 68mg/L에 맞추려면 고작 22mg/L의 엡솜 염을 추가해야 하는데, 이것은 아주 작은 수치이다.

이것을 주변에서 쉽게 구할 수 있는 주방 기구로 해결해 보자. 1L의 증류수에서 1/4L를 버리고 같은 양의 데이비스시 물을 넣는다면, 대략 적절한 알칼리도인 42mg/L가 된다. 그러나 총 경도는 23mg/L가 될 것이다. 여기에 엡솜 염을 조금 넣으면 총 경도를 끌어올릴 수 있다. 계량 가능한 방법으로 알아보자. 엡솜 염 ¾ 티스푼(10g)을 물 한 컵에 용해시키자. 물 한 컵은 약 225g이다. 이 엡솜 염 용액 한 티스푼(5g)을 데이비스의 물 25%와 증류수 75%가 들어 있는 1갤런(3.78L)의 용기에 더하면, 총 경도는 72mg/L가 되어 다시 이상적인 추출수에 근접하게 된다.

마지막으로 상업용 추출(특히 에스프레소 머신)을 위해서는 석회 침전물과 부식을 방지하기 위해 추가로 고려해야 할 사항이 있다. 우리는 여기서 추출수의 특성이 가정용 커피 추출의 질에 어떤 영향을 미치는지에 초점을 맞추고 있다. 이것과 관련하여 도움이 될 몇 가지 경험과 원리를 제시한다.

추출수에 대한 일반적인 규칙

- 항상 신선하고 깨끗한 물을 사용한다.
- 추출수의 알칼리도가 높을수록 물의 산도를 중화할 수 있는 능력도 커진다. 결과적으로 추출한 커피의 산도가 낮아지게 된다(덜 밝음). 그래서 약배전에 매우 밝은 원두는 알칼리도가 높은 물로 추출하는 것이 도움이 될 수 있다. 반대로, 낮은 알칼리성 물로 추출하면 강배전이 더 밝아질 수 있다.
- 물의 경도가 높을수록 추출 효율도 더 높아진다. 감각평가에서 향과 풍미에 확연한 차이가 감지되지만, 정밀한 연구를 통한 정확한 정보들이 여전히 부족하다.

● 도시의 수질 보고서를 찾아보고 물속에 어떤 성분이 들어 있는지 확인하라. 추출수의 경도와 알칼리도를 권장 범위 내로 맞추려면 간단히 증류수 또는 광천수로 희석할 수 있다. 추출한 커피의 감각평가가 향상되었는지 확인하라.

Part A – 조성이 다른 다섯 가지 물을 준비하고 맛보기

시음할 물을 준비하라! 첫 번째로 할 일은 다양한 물 시료를 준비하는 것이다. 구체적으로 (ⅰ) 증류수, (ⅱ) 수돗물, (ⅲ) 경수, (ⅳ) '이상적인' 추출수를 비교할 것이다.

1) 먼저 '매우 짠' 농축액을 만든 다음 적절하게 희석하여 경수와 이상적인 물을 만들 것이다(만약 분해능이 0.01g인 고성능 저울이 있다면, 이렇게 할 필요가 없다). **중요:** 매우 짠 용액의 맛을 볼 필요는 없다(해롭지는 않지만, 엄청나게 짤 것이다). 염과 증류수를 1L의 깨끗한 용기에 넣는다. 이후 다음 레시피에 따라 '매우 짠' 용액을 준비한다.

   a. 증류수 500g을 깨끗한 용기(빈 병 또는 부피 실린더)에 붓는다.

   b. 베이킹소다 $NaHCO_3$ 6g을 넣는다. ($NaHCO_3$ 1,200mg/L)

   c. 식용 엡솜 염 15.5g을 넣는다. ($MgSO_4$ 3,100mg/L)

   d. 두 가지 염이 완전히 용해될 때까지 혼합한다.

2) 이제 준비한 '매우 짠 농축' 용액을 적절하게 희석한다. 다음과 같이 두 용액을 준비하되, 잘 섞이도록 저어 준다.

   a. 경수 – 증류수 950g, 매우 짠물 50g

   b. 이상적인 물 – 증류수 990g, 매우 짠물 10g

   혼동하지 않도록 각각의 용기에 라벨을 붙인다.

3) 시음할 네 가지 물의 시료를 준비한 뒤(증류수, 수돗물, 경수, 이상적인 물), 각각의 물을 블라인드 테이스팅하고 감각평가를 기록한다. 우선 증류수와 이상적인 추출수를 직접 비교해 보라. 두 물의 차이점을 감지할 수 있는가? 마지막으로 수돗물과 증류수 그리고 이상적인 추출수를 비교해 보라. 어느 것으로 만든 커피의 맛이 더 좋겠는가?

4) 다음으로, (매우 짠물을 포함하여) 5가지 물 시료의 pH와 TDS를 측정하라. 측정된 TDS 값은 희석 비율에 근거한 예상치와 일치하는가? 선택사항: 만약 전기전도도 측정기를 사용할 수 있다면, 그것을 굴절계에 표시된 값과 비교해 보라. 전기전도도 측정기는 물의 전기전도도를 직접 측정하기 때문에 염 농도에 대단히 민감하다. 이때 단위는 ppm(백만분율)이다(실험 6 보너스 참고).

수질과 맛

증류수 pH: _____ TDS: _____ %

감각평가: _____

_____

_____

_____

수돗물 pH: _____ TDS: _____ %

감각평가: _____

_____

_____

_____

경수 pH: _____ TDS: _____ %

감각평가: _____

_____

_____

_____

이상적인 추출수 pH: _____ TDS: _____ %

감각평가: _____

_____

_____

_____

매우 짠물 pH:_____ TDS:_____ %

감각평가: _____

_____

_____

_____

커피의 디자인 /

Part B - 다양한 물로 커피 추출하고 비교 시음하기

1) 드디어 커피를 내릴 시간이다! 최소 두 개의 전기 주전자를 사용하면, 동시에 두 종류의 물을 가열할 수 있어 편리할 것이다. 여분의 전기 주전자가 없다면, 순서대로 실험을 수행하면 된다. 어떤 경우이든 물이 오염되거나 희석되지 않도록, 주전자에 남아 있는 시료를 철저히 헹구어 낸다.

2) 물의 화학의 영향을 측정하기 위해 두 대의 클레버 커피 추출기를 준비한다. 서로 완전히 다른 증류수와 경수부터 비교해 보자. 물을 가열하고, 클레버 커피 추출기를 준비하라. 동일한 분쇄 커피, 동일한 추출비, 동일한 물의 온도(91~94℃), 그리고 동일한 추출 시간(4분)을 사용하여 커피를 추출하라.

3) 커피 추출이 완료되면, 세밀하게 향을 맡아 보라… 향의 차이가 느껴지는가? 각각의 커피의 pH와 TDS를 측정하라.

4) 각각의 커피의 맛을 보고 감각평가를 기록하라. 두 추출물의 맛의 차이가 느껴지는가? 어느 것이 더 나은가? 두 커피의 밝음(즉 산미)이 다른 것을 감지할 수 있는가? 어느 것이 더 밝은가?

5) 동일한 실험을 한 번 더 시행하되, 이번에는 수돗물과 '이상적인' 추출수를 비교해 보라. 각각의 물로 주전자를 헹구어 내야 한다는 것을 기억하라. 동일한 분쇄 커피와 추출변수들을 사용하라. 두 추출물의 pH와 TDS를 측정하고 감각평가를 기록하라. 다른 점이 있는가? pH의 차이와 커피의 밝음이 감각적으로 인식되는 것을 연관시킬 수 있는가?

6) 이번에는 선택한 맞춤형 물을 가지고 두 번 더 추출할 것이다. 앞서 실행한 네 가지 커피 추출물을 감각평가한 다음, 조원들과 어떤 종류의 물이 더 자세히 시험해 볼 만한 가치가 있는지 토론하라. 경도가 더 높거나 낮은 물 혹은 알칼리도가 더 높거나 낮은 물을 시험해 보려면 물의 조성을 바꾸어 성분이 다른 완전히 새로운 '매우 짠물'이나 새롭게 희석한 물을 준비해도 된다. 결정된 물의 조성과 그것을 시험해 보고 싶은 이유를 기록하라. 어떤 점을 개선하려 했는가? 맞춤형 물의 맛을 보고 감각평가를 기록하라. 그리고 pH와 TDS도 측정하여 기록하라.

7) 마지막으로 두 가지 맞춤형 물을 사용하여 클레버 커피로 두 번을 더 추출하라.

추출할 때, 이전처럼 물을 제외한 나머지 추출 조건을 완전히 동일하게 유지하라. 추출한 커피를 맛보고 감각평가를 기록하라. 두 추출물의 맛의 차이를 느낄 수 있는가? 어느 것의 맛이 더 좋은가? 왜 그런지 가설을 세워 보라. 추출한 커피의 pH와 TDS를 기록하라. 차이가 있는가? pH와 TDS의 차이를 감각적으로 인식되는 것과 연관시킬 수 있는가? 커피 맛, pH, TDS에 어떤 영향을 미칠 것을 예상했고 이유는 무엇인가? 그러한 변화들이 관찰되었는가?

Part C – 로스팅

다음 시간에 추출할 수 있도록 신선한 원두로 적어도 두 가지를 로스팅하라. 원두에 맞는 최적의 로스팅 프로필을 시도하려면 다른 원두로 배전도를 다르게 시도해 보라.

클레버 커피 실험 데이터 비교 – 증류수 vs. 경수

커피 종류: _____

뜨거운 물의 질량: _____ g 분쇄 커피의 질량: _____ g 추출비(R_{brew}): _____

물의 온도: _____℃ 분쇄도: _____

최초 추출 시간: _____ 분

증류수

추출한 커피의 질량: _____ – _____ = _____ g (가득 찬 컵 – 빈 컵)

TDS: _____ % PE: _____ × _____ ÷ _____ = _____ %

pH= _____

감각평가: _____

_____

_____

_____

_____

_____

경수

추출한 커피의 질량: _____ – _____ = _____ g (가득 찬 컵 – 빈 컵)

TDS: _____ % PE: _____ × _____ ÷ _____ = _____ %

pH= _____

감각평가: _____

_____

_____

_____

_____

_____

_____

클레버 커피 실험 데이터 비교 - 수돗물 vs. 이상적인 추출수

커피 종류: _____

뜨거운 물의 질량: _____ g 분쇄 커피의 질량: _____ g 추출비(R_{brew}): _____

물의 온도: _____°C 분쇄도: _____

최초 추출 시간: _____분

수돗물

추출한 커피의 질량: _____ - _____ = _____g (가득 찬 컵 - 빈 컵)

TDS: _____ % PE: _____ × _____ ÷ _____ = _____ %

pH= _____

감각평가: _____

_____

_____

_____

_____

_____

이상적인 물

추출한 커피의 질량: _____ - _____ = _____ g (가득 찬 컵 - 빈 컵)

TDS: _____ % PE: _____ × _____ ÷ _____ = _____ %

pH= _____

감각평가: _____

_____

_____

_____

_____

_____

_____

클레버 커피 실험 데이터 비교 – 맞춤형 물

(이전과 동일한 원두와 추출변수를 사용하라.)

물1: _____ pH: _____ TDS: _____ %

조성 & 이유: _____

물의 감각평가: _____

추출한 커피의 질량: _____ − _____ = _____ g (가득 찬 컵 − 빈 컵)

TDS: _____ % PE: _____ × _____ ÷ _____ = _____ %

pH= _____

감각평가: _____

_____

_____

_____

_____

_____

_____

물2: _____ pH: _____ TDS: _____ %

조성 & 이유: _____

물의 감각평가: _____

추출한 커피의 질량: _____ − _____ = _____ g (가득 찬 컵 − 빈 컵)

TDS: _____ % PE: _____ × _____ ÷ _____ = _____ %

pH= _____

감각평가: _____

_____

_____

_____

_____

_____

_____

로스팅 결과

커피 종류: _____ 로스터 설정: _____

생두의 질량: _____ g 로스팅 후 질량: _____ g

로스팅 소요 시간: _____ 분 에너지 사용량: _____ kW-hr

기록: _____

_____

_____

_____

_____

_____

_____

_____

_____

_____

_____

커피 종류: _____ 로스터 설정: _____

생두의 질량: _____ g 로스팅 후 질량: _____ g

로스팅 소요 시간: _____ 분 에너지 사용량: _____ kW-hr

기록: _____

_____

_____

_____

_____

_____

_____

_____

_____

_____

실험 보고서

정해진 기한까지, 각 조는 다음의 내용이 포함된 보고서를 제출해야 한다. (1) 추출에 사용된 다양한 물의 pH와 TDS의 막대그래프, (2) 추출한 커피의 pH vs. 추출수의 알칼리도의 산점도, (3) 추출한 커피의 TDS vs. 추출수의 총 경도의 산점도, (4) 시음 노트 작성 및 평가, (5) 이상적으로 최적화하여 추출해 본 것을 관찰하고 논의한 내용을 간단하게 정리하기.

1) 먼저 엑셀을 사용해 물 시료들의 TDS와 pH의 막대그래프를 그린다. 측정값들은 매우 짠물을 희석한 것에 기초하여 예상한 값 그리고 수돗물의 수질 보고서와 일치하는가?

2) 다음으로 추출된 커피의 pH와 TDS 그리고 추출수의 알칼리도와 총 경도의 산점도를 각각 그린다. 각 시료의 경도와 알칼리도를 계산하라(또는 수돗물의 값을 찾아보라). 추출한 커피의 pH 또는 TDS를 세로축, 추출수의 알칼리도 또는 경도를 수평축에 두고, 물의 종류가 분명히 보이도록 글상자를 추가하라. 어떤 경향이 관찰되는가?

3) 각각의 물맛을 간단하게 정리하라. 물맛의 차이가 감지되는가? 어떻게 다른가? 조원들은 어떤 물을 선호했는가? 이어서 서로 다른 물을 사용하여 클레버 커피로 추출한 커피의 맛을 비교하고 간단히 정리하라. 정성적인 맛 평가도 좋다. 조원들은 어떤 것을 선호했는가?

4) 마지막 장에 다음 질문에 대한 답을 분명하고 간단하게 적는다.

   i) '이상적인 추출수'를 증류수, 수돗물, 경수와 비교해 보라. 어느 것이 더 좋았고 그 이유는 무엇인가? 알칼리도, pH, 경도 그리고 TDS 정보를 이용하여 답하라.

   ii) 어떤 커피에서 '밝음'을 느꼈는가? pH 값은 감지되는 커피 산도와 관련이 있었는가? 경수의 TDS가 더 높았는가?

   iii) 맞춤형 물로 추출할 경우에는 추출물이 어떻게 달라졌는가? 그 이유는 무엇인가? 커피의 감각평가, pH와 TDS 측정값은 예상과 일치했는가?

우리는 이전 수업에서 물의 경도와 알칼리도에 대해 자세히 살펴보면서 L당 동량의 탄산칼슘의 mg에 기초한 다소 오래된 정의를 사용하였다. 또한 SCA에서는 이들 수치가 '이상적인' 것을 이상적인 추출수로 여긴다는 것도 알게 되었다. 여기에서는 증류수를 이상적인 추출수로 만드는 또 다른 방법을 제안한다. 주요 차이점은 마그네슘 대신 구연산칼슘Calcium citrate($Ca_3(C_6H_5O_7)_2$)을 사용하여 칼슘으로 경도를 충당한다는 것이다. 이

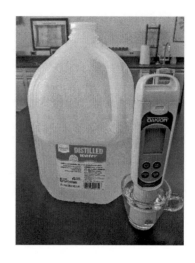

것을 시험하여 커피 맛이 더 좋아지는지 확인해 보라. 식용 가능한 구연산은 kg당 만원 정도로 비싸지도 않고, 인터넷에서 쉽게 구입할 수 있다.

구연산칼슘을 활용한 배합: 5배 진한 농축 용액을 만들고, 5배 희석하여 이상적인 추출수를 만든다.

1. 정밀한 저울이 있다면, 1L의 5배 농축 용액은 2.1g의 구연산칼슘과 0.6g의 베이킹 소다를 증류수 1L에 첨가해 만들 수 있다.

2. 만약 저울의 정밀도가 떨어진다면, 5배 농축 용액은 8g의 구연산칼슘과 2.4g의 베이킹소다를 증류수 4L에 첨가해 만들 수 있다.

3. 농축액을 적어도 하루 동안 방치하되, 모든 염이 녹을 수 있도록 주기적으로 저어 준다.

4. 마지막으로 5배 농축액 200mL를 증류수 800mL에 첨가하면 이상적인 물이 된다.

5배 농축액의 알칼리도와 경도는 이상적인 추출수의 5배로, 실험 7에서 엡솜 염(마그네슘 포함)을 사용해 만든 경수와 같다. 그러므로 개인적으로 선호하는 것이 있다면, 두 가지(각각 마그네슘과 칼슘을 사용한) 원액을 사용하여 Ca과 Mg의 양을 변경할 수 있

다. 예를 들어 물의 경도를 50%는 칼슘에서, 50%는 마그네슘에서 얻어내고 싶다면, 각각의 용액 100mL를 증류수 800mL에 첨가하여 실험에 쓸 '이상적인' 추출수를 얻을 수 있다!

실험 7에서 우리는 왜 100배가 아닌 5배의 농축 용액을 만든 걸까? 또 경도를 측정하는 데 탄산칼슘($CaCO_3$)을 직접 사용하지 않은 이유는 무엇인가? 각 화합물의 물에 대한 용해도가 다르기 때문이다. 사실 $CaCO_3$은 물에 아주 미량(25℃에서 13mg/L)만 용해된다. $CaCO_3$을 추가하기만 하면 이상적인 추출수에 비해 경도와 알칼리도가 낮은 물을 얻는다. 일반적으로 $MgSO_4$과 같은 대부분의 황산염들은 물에 잘 녹지만, $CaCO_3$과 같은 대부분의 탄산염들은 그렇지 못하다. 다음 표는 추출수의 '수질'을 변경하는 데 사용되는 다양한 염의 물에 대한 용해도를 보여 준다. 염이 물에 용해되는 일반적인 이유는 "끼리끼리 녹는다"는 말로 설명할 수 있다. 염은 물에 녹아 양이나 음의 전하를 띠는 이온을 만든다. 물은 물 분자의 음극 부분(산소)이 염의 양이온을 끌어당기고, 반대로 물 분자의 양극 부분(수소)은 염의 음이온을 끌어당기기 때문에 다양한 염을 녹일 수 있다. 그러나 $CaCO_3$의 경우는 칼슘과 탄산이 매우 강한 정전기적 결합을 형성하고 있는데, 이것이 물 분자에 의한 인력보다 훨씬 더 강해서 $CaCO_3$을 서로 떨어뜨릴 수 없어 고체로 남게 되는 것이다.

화합물	용해도(25℃)
베이킹소다($NaHCO_3$)	105mg/L
엡솜 염($MgSO_4$)	376mg/L
식용 소금($NaCl$)	361mg/L
구연산칼슘($Ca_3(C_6H_5O_7)_2$)	950mg/L
탄산칼슘($CaCO_3$)	13mg/L

The Design of Coffee
: An Engineering Approach

실험 8
- 분쇄 커피를 통과하는 압력에 의한 흐름

◼ **목표**

이번 실험에서는 분쇄 커피를 통과하는 물의 움직임을 설명하는 '유체역학'을 공부할 것이다. 압력과 유량의 연관관계를 '다르시Darcy의 법칙'이라는 식으로 알아보고, 유속이 커피 추출의 품질과 강도에 어떤 영향을 주는지 평가할 것이다.

◼ **장비**

☐ 에어로프레스   ☐ 전기 주전자   ☐ 전자 굴절계   ☐ 체중계
☐ 자   ☐ 소비전력측정기   ☐ 가정용 커피 로스터

◼ **활동**

☐ Part A – 에어로프레스로 네 번을 추출하여 다르시의 법칙과 압력 살펴보기
　　☐ **안전 지침을 점검한 후, 가해지는 압력을 측정하기 위한 추출 연습하기**
　　☐ 가해지는 압력을 달리하여 세 번 추출하기
☐ Part B – 에어로프레스로 네 번을 더 추출하여 투과도 살펴보기
　　☐ 압력은 동일하되 입자 크기를 달리하여 두 번 추출하기
　　☐ 압력과 입자 크기는 동일하되 분쇄 커피의 질량을 달리하여 두 번 추출하기
☐ Part C – 다음 실험에 사용할 원두 두 가지 이상 로스팅하기

◼ **보고서**

☐ 유량 vs. 가해진 압력 증감의 산점도
☐ TDS vs. 유량의 산점도
☐ 실험과 관련된 질문에 답하고 맛에 대해 간단하게 평가하기

커피의 디자인 /

배경지식 - 유체역학

이전 실험에서 커피의 최종 맛에 영향을 주는 중요한 변수로 '추출 시간'에 대해 알아봤다. 추출 시간이 너무 짧으면 신맛이 나는 '과소추출'된 커피가 생성되고, 반대로 너무 길면 쓴맛이 나는 '과다추출'된 커피가 된다. 보통 커피를 추출하는 데 있어서, 추출 시간은 뜨거운 물이 분쇄 커피를 얼마나 빨리 통과하는지로 정해진다. 다시 말해서 유체 속도는 중요한 변수이기에 '유체역학'에 대한 이해가 필수적이라는 말이다.

물질로 이루어진 다른 모든 것과 마찬가지로 유체의 움직임은 뉴턴의 제2법칙, 즉 $F = ma$(여기서 F는 유체에 가해지는 알짜힘, m은 질량, a는 가속도)를 따른다. 전에 물리 수업에서 배웠을 수도 있지만, (대포알 같은) 단단한 물체와 달리 유체는 변형이 가능하다. 이것은 유체에 가해지는 힘의 해석을 엄청나게 복잡하게 만든다. 그래서 공학 교육과정에 유체역학에 대해서만 논의하는 수업이 있는 것이다.

이번 실험에서는 분쇄 커피 같은 '다공성 매질'에서 유체가 어떻게 움직이는지에 초점을 맞출 것이다. 구체적으로 추출 도구로는 에어로프레스를 사용하여 손으로 압력을 가한 뒤 유속을 측정할 것이다. '유체를 더 강하게 누르면, 더 빠르게 흐른다'는 현상을 수학적으로 표현한 다르시의 법칙이라는 실험식으로 관찰 결과를 측정할 것이다. 특히 다르시의 법칙에 의하면 유체의 유속, Q(예, cm³/s)는 다공성 매질을 가로지르는 압력 차이에 비례한다.

$$Q = \frac{\kappa}{\mu} \times A \times \frac{\Delta P}{L} = \frac{\kappa}{\mu} \times A \times \frac{(P_{top} - P_{bot})}{L} \tag{1}$$

이 식의 항들을 각각 정의해 보자. 유체의 '점도, μ'는 유체가 얼마나 쉽게 변형되는지, 즉 '전단Shear'되는지에 대한 특성을 보여 준다. 물은 점도가 낮은 반면, 꿀은 점도가 높다. A는 유체가 이동하는 다공성 매질의 단면적을 말한다. '투과도, κ'는 다공성 매질 속에 고체 표면적 대비 얼마만큼의 열린 공간이 있는지 보여 준다. 부피에 비해 표면적이 높을수록 유체의 속도는 '느려질' 수 있다. 결과적으로 고운 분쇄 커피는 거친 것보다 부피 대비 표면적이 높고 투과도가 낮다(루빅스 큐브 전체를 굵게 분쇄한 커피 입자로, 곱게 분쇄한 커피를 루빅스 큐브의 작은 조각 중 하나라고 생각해 보자). 부피 대비 표면적은 또한 실험 6에서 분쇄도가 플럭스에 어떤 영향을 미치는지 생각해 보는 좋은 방법이다. 입자 크기가 작을수록 표면적이 훨씬 넓어져서 물질전달 속도가 훨씬 빨라진다.

마지막으로 압력 차, ΔP는('델타 P'라고 읽을 수 있음) 유체 흐름의 원동력이다. 압력은 면적당 힘임을 기억하라. ΔP는 두께가 L인 다공성 매질을 통과할 때 얼마나 압력이 변하는지를 나타내는 수치이다(이때 두께는 흐름의 방향으로 측정한다). 푸어오버(Pour-over, 물을 분쇄된 커피에 쏟아부어서 내리는 독창적인 기술) 기술이나 미스터 커피를 사용할 때, 물의 질량을 만들어내는 중력에 의해 압력 차이가 발생하게 된다. 하지만 다른 장비들은 더 정교하게 압력 차를 조절할 수 있다(가장 유명한 것이 에스프레소 머신이다). 가해진 압력 P_{top}는 손으로 가한 압력과 대기압의 합이고, P_{bot}는 에어로프레스의 밑면 외부 공기의 압력, 즉 대기압이다. 다시 말해서 압력 차이는

$$\Delta P = P_{top} - P_{bot} = (P_{applied} + P_{atm}) - P_{atm} = P_{applied} \tag{2}$$

이다. 대기압은 위아래 양방향에서 누르기 때문에 소거된다.

가해진 압력은 어떻게 측정할까? 이번 실험에서는 일반적으로 몸무게를 잴 때 사용하는 체중계를 사용할 것이다. 에어로프레스를 저울 위에 올려놓고 누르면, 가해진 힘이 몇 kg인지 저울에 표시된다. 약간의 변동은 있겠지만, 몇 번 연습하면 에어로프레스로 추출하는 동안 가해지는 힘을 어느 정도 일정하게 유지할 수 있다. 20파운드(약 9kg)의 힘을 가한다고 하면, 대응되는 압력은 힘을 지름이 1.6인치(약 4cm)인 에어로프레스 플런저Plunger(누르개)의 단면적으로 나눈 값이다. 면적은 $A = \pi r^2$이다. 따라서

$$P_{applied} = \frac{F_{applied}}{단면적} = \frac{20\,lbf}{3.14 \times (1.6\,inch)^2} = 2.5\,\frac{lbf}{in^2} = 2.5\,\psi \qquad (3)$$

이다. 여기서 lbf는 '파운드 힘/중량'(Pound-force, 1파운드의 질량에 중력 가속도와 같은 크기의 가속도를 생기게 할 수 있는 힘)을 의미하고 psi는 '제곱 인치당 파운드'이다. 1'기압'은 14.7psi이다. 만약 200파운드(약 90.7kg)의 힘을 가한다면(시험해 보지 말 것!), 1.7기압의 압력을 만들게 된다. 에스프레소 머신은 약 9기압의 압력을 가한다.

　이 실험의 주요 목표는 반정량적Semi-quantitative으로 다르시의 법칙을 평가하고, 유체의 흐름이 얼마나 빨리 다공성 분쇄 커피를 통과하는지 측정하여 맛에 어떤 영향을 미치는지 알아보는 것이다. 가해지는 압력이 낮을수록 실질적인 추출 시간이 더 늘어나 물질전달과 추출된 커피의 궁극적인 감각적 인상에 영향을 미치게 된다. 마찬가지로 훨씬 더 고운 분쇄도를 사용하여 추출 시간을 단축할 수도 있다. 어떤 접근 방식이더 좋은가? 이번에 직접 실험해 보자!

화상 위험! 에어로프레스의 적절한 사용법

에어로프레스 사용 시 화상의 위험이 크니 조심해야 한다!

- 최대 용량은 물 약 200g이다.
- **뜨거운 물을 넣은 뒤 에어로프레스를 조정하지 않는다.** 뜨거운 물이 쏟아져 화상을 입을 수 있다.
- 추출 전에 필터 뚜껑을 잡아당겨 꽉 잠겨 있는지 다시 한번 확인한다. 헐거운 경우, 뒤집어지면서 추출물이 손 위에 쏟아져 심각한 화상을 입을 수 있다. 비뚤어져 있다면, 추출물이 옆으로 샐 수 있다.
- 압력이 고르게 가해지도록 한 손으로 에어로프레스를 꾸준히 일정하게 누른다. 옆으로 혹은 비스듬히 밀지 않도록 한다.
- 거름종이를 넣는 것을 잊지 않도록 한다. 너무 급하게 추출하면 흙탕물같이 지저분한 커피를 얻게 된다.

Part A – 에어로프레스 내부의 압력에 의한 흐름

다르시의 법칙을 체험해 보기 위해 에어로프레스로 8번을 추출해 볼 것이다. 우선 안전 지침을 점검하고, (아무것도 측정하지 않는) 연습 추출을 시행하여 추출 작업이 어떻게 이루어지는지 익히도록 한다. 이후 체계적으로 유속과 다양한 인가 압력, (투과도 κ를 변화시키는) 입자 크기, 그리고 (두께 L에 변화를 주는) 분쇄 커피의 질량에 따른 TDS를 측정할 것이다. 각각의 경우에 물이 분쇄 커피를 통과하는 데 소요되는 시간을 측정할 것이다.

1) 시작하기 전에 에어로프레스 사용에 대한 안전 수칙을 숙지하라.

2) 에어로프레스로 추출 시 다음의 과정을 따른다.

   ⅰ) 플런저(누르개)에 표시가 있는 경우 눈금 '4'에 맞추고, 없다면 플런저를 조절하여 고무 전체가 용기 안에 있는 상태로 완전히 바닥에 닿도록 한다. 반대편의 육각 고리는 열린 상태로 둔다.

   ⅱ) 플런저가 바닥을 향하도록 에어로프레스를 책상 또는 탁자에 올려 두고, 육각 기둥 부분을 연다.

   ⅲ) 분쇄한 커피를 넣은 다음, 미리 측정해 둔 뜨거운 물을 조심스럽게 추가하고 모든 커피가 젖도록 약간 저어 준다.

   ⅳ) 거름종이를 넣고 뚜껑을 꼭 잠근 다음, 원하는 추출 시간만큼 기다린다.

   ⅴ) 마지막으로 뚜껑이 단단히 잠겼는지 다시 한번 확인한 다음, 에어로프레스를 조심스럽고도 빠르게 뒤집어 큰 유리 머그잔이나 측정 컵 위에 올린다. 테이블 위에 저울을 올려 놓고 가해진 힘을 측정하는 것이 가장 좋다.

   ⅵ) 추출이 끝날 때까지 지긋이 눌러 추출된 커피를 밀어낸다(분쇄 커피 사이로 공기를 밀어낼 때 변화가 느껴질 것이다). 힘을 얼마나 가하고 있는지 측정하려면 체중계를 주시하라.

3) 처음 네 번은 동일한 분쇄 크기로 진행한다. 에어로프레스로 네 번을 추출할 충분한 양을 준비하고(약 60g) 전기 주전자로 물을 데운다.

4) 첫 번째 연습 추출에서는 체중계 사용을 염두에 두지 않는다. 15g의 분쇄 커피를 에어로프레스에 넣고 뜨거운 물을 붓는다. 빠르게 저어 준 후 추출이 되도록 2~5

분간 기다린다. 이후 에어로프레스를 뒤집어 체중계 위에 있는 도자기나 유리잔에 올리고 '지그시' 압력을 가한다.

5) 추출한 커피의 맛을 보라. 감각평가는 어떠한가?

6) 두 번째 시도할 때는 모든 과정을 동일하게 반복하되, 이번에는 측정할 준비를 하라. 컵과 에어로프레스를 저울 위에 올리고, 휴대폰의 타이머로 추출하는 데 걸리는 시간을 측정하라. 추출하는 동안 최선을 다해 '지긋한' 압력을 일정하게 유지한 다음, 체중계로 힘의 평균 kg을 기록하라. 유체가 뽑혀 나오는 데 소요된 시간 $t_{dispense}$, 즉 누르기 시작하여 밀착된 커피 사이로 공기가 밀리는 변화를 느낄 때까지 걸린 시간을 기록한다(단계 7)이 끝날 때까지는 사용한 커피를 버리지 않는다).

7) 컵에 든 커피의 질량 m을 측정하라. 만약 추출한 커피의 밀도를 $\rho = 1g/cm^3$(물의 밀도와 비슷하게)로 어림잡는다면, 부피는 $V = m/\rho$로 측정할 수 있다. 또 평균 유속은 $Q = V/t_{dispense}$로 계산한다. 유속을 계산하여 기록하라.

8) 조심스럽게 에어로프레스의 뚜껑을 연 다음, 플런저를 수직으로 잡고 끝까지 당긴다. 자로 사용한 커피 찌꺼기의 두께 L을 측정한다. 이어서 TDS를 측정하고 커피의 맛을 보라. 감각적 인상은 어떠한가? 커피 찌꺼기를 버리고 세척하여 다음 추출을 준비한다.

9) 동일한 과정으로 두 번을 더 추출하되, 추출할 때마다 더 강한 힘을 가하라. 먼저 **보통 힘**을 가한 다음 **강한 힘**을 가한다(주의: 너무 강한 힘을 가하면, 거름종이 뚜껑이 떨어지거나 유체가 거름 뚜껑 옆으로 새어 나올 수 있다). 추출 시간, 이동한 유체의 질량과 유속, 가해진 힘, 커피 찌꺼기의 두께 L, 그리고 TDS 결과와 감각평가를 각각 기록하라.

Part B – 에어로프레스 안의 투과도와 유로의 길이

Part A와 실험 과정이 거의 동일하지만, 여기서는 분쇄 커피의 총 질량과 입자 크기에 따른 유로의 길이와 투과도의 영향에 초점을 맞출 것이다.

1) 다음으로 입자 크기의 영향을 비교해 보자. 15g의 커피는 최대한 곱게, 그리고 나머지 15g은 최대한 거칠게 간다. 고운 가루를 최대한 동일하게 '적당한' 힘을 가하여 에어프레스로 추출하고, 거친 가루로도 동일한 과정을 반복한다.

2) 마지막으로 유로 길이 L의 영향을 비교해 보자. 30g의 커피를 중간 분쇄도로 간다. 에어프레스로 두 번을 추출하되, 한 번은 10g의 커피를, 나머지 한 번은 20g을 사용한다. 최대한 동일하게 '적당한' 힘을 가하고 모든 측정값을 기록하라.

압력 실험 결과

모든 추출물에 특정 조건을 제외한 나머지 변수들을 동일하게 유지하라.

커피 종류: _____

뜨거운 물의 질량: _____ g 분쇄 커피의 질량: _____ g 추출비(R_{brew}): _____

뜨거운 물의 온도: _____ ℃ 분쇄도: _____

최초 추출 시간: _____ 분

적당한 압력

추출한 커피의 질량: _____ − _____ = _____ g (가득 찬 컵 − 빈 컵)

가해준 힘: _____ kg 커피 찌꺼기의 두께: _____ cm

압력을 가한 총 시간: _____ 초

유속: _____ cm³ ÷ _____ 초 = _____ m³/s

TDS: _____ % PE: _____ × _____ ÷ _____ = _____ %

감각평가: _____

_____

중간 압력

추출한 커피의 질량: _____ − _____ = _____ g (가득 찬 컵 − 빈 컵)

가해준 힘: _____ kg 커피 찌꺼기의 두께: _____ cm

압력을 가한 총 시간: _____ 초

유속: _____ cm³ ÷ _____ 초 = _____ m³/s

TDS: _____ % PE: _____ × _____ ÷ _____ = _____ %

감각평가: _____

_____

강한 압력

추출한 커피의 질량: _____ − _____ = _____ g (가득 찬 컵 − 빈 컵)

가해준 힘: _____ kg 커피 찌꺼기의 두께: _____ cm

압력을 가한 총 시간: _____ 초

유속: _____ cm³ ÷ _____ 초 = _____ m³/s

TDS: _____ % PE: _____ × _____ ÷ _____ = _____ %

감각평가: _____

_____

분쇄도 실험 결과

거친 가루, 중간 압력

분쇄도: ＿＿＿＿＿＿＿

추출한 커피의 질량: ＿＿＿＿＿ － ＿＿＿＿＿ = ＿＿＿＿＿ g (가득 찬 컵 – 빈 컵)

가해준 힘: ＿＿＿＿＿＿ kg 커피 찌꺼기의 두께: ＿＿＿＿＿＿ cm

압력을 가한 총 시간: ＿＿＿＿＿＿ 초

유속: ＿＿＿＿＿＿ cm^3 ÷ ＿＿＿＿＿＿ 초 = ＿＿＿＿＿＿ m^3/s

TDS: ＿＿＿＿ % PE: ＿＿＿＿ × ＿＿＿＿ ÷ ＿＿＿＿ = ＿＿＿＿ %

감각평가: ＿＿＿＿＿＿＿＿＿＿＿＿＿＿＿＿＿＿＿＿＿＿

＿＿＿＿＿＿＿＿＿＿＿＿＿＿＿＿＿＿＿＿＿＿＿＿＿＿＿＿

＿＿＿＿＿＿＿＿＿＿＿＿＿＿＿＿＿＿＿＿＿＿＿＿＿＿＿＿

＿＿＿＿＿＿＿＿＿＿＿＿＿＿＿＿＿＿＿＿＿＿＿＿＿＿＿＿

＿＿＿＿＿＿＿＿＿＿＿＿＿＿＿＿＿＿＿＿＿＿＿＿＿＿＿＿

＿＿＿＿＿＿＿＿＿＿＿＿＿＿＿＿＿＿＿＿＿＿＿＿＿＿＿＿

＿＿＿＿＿＿＿＿＿＿＿＿＿＿＿＿＿＿＿＿＿＿＿＿＿＿＿＿

고운 가루, 중간 압력

분쇄도: ＿＿＿＿＿＿＿

추출한 커피의 질량: ＿＿＿＿＿ － ＿＿＿＿＿ = ＿＿＿＿＿ g (가득 찬 컵 – 빈 컵)

가해준 힘: ＿＿＿＿＿＿ kg 사용한 분쇄 커피의 두께: ＿＿＿＿＿＿ cm

압력을 가한 총 시간: ＿＿＿＿＿＿ 초

유속: ＿＿＿＿＿＿ cm^3 ÷ ＿＿＿＿＿＿ 초 = ＿＿＿＿＿＿ m^3/s

TDS: ＿＿＿＿ % PE: ＿＿＿＿ × ＿＿＿＿ ÷ ＿＿＿＿ = ＿＿＿＿ %

감각평가: ＿＿＿＿＿＿＿＿＿＿＿＿＿＿＿＿＿＿＿＿＿＿

＿＿＿＿＿＿＿＿＿＿＿＿＿＿＿＿＿＿＿＿＿＿＿＿＿＿＿＿

＿＿＿＿＿＿＿＿＿＿＿＿＿＿＿＿＿＿＿＿＿＿＿＿＿＿＿＿

＿＿＿＿＿＿＿＿＿＿＿＿＿＿＿＿＿＿＿＿＿＿＿＿＿＿＿＿

＿＿＿＿＿＿＿＿＿＿＿＿＿＿＿＿＿＿＿＿＿＿＿＿＿＿＿＿

＿＿＿＿＿＿＿＿＿＿＿＿＿＿＿＿＿＿＿＿＿＿＿＿＿＿＿＿

＿＿＿＿＿＿＿＿＿＿＿＿＿＿＿＿＿＿＿＿＿＿＿＿＿＿＿＿

커피 질량 / 유로 길이 실험 결과

적은 질량, 중간 압력

분쇄 커피의 질량: _____ g

추출한 커피의 질량: _____ − _____ = _____ g (가득 찬 컵 − 빈 컵)

가해준 힘: _____ kg 커피 찌꺼기의 두께: _____ cm

압력을 가한 총 시간: _____ 초

유속: _____ cm^3 ÷ _____ 초 = _____ m^3/s

TDS: _____ % PE: _____ × _____ ÷ _____ = _____ %

감각평가: _____

_____

_____

_____

_____

_____

_____

많은 질량, 중간 압력

분쇄 커피의 질량: _____ g

추출한 커피의 질량: _____ − _____ = _____ g (가득 찬 컵 − 빈 컵)

가해준 힘: _____ kg 커피 찌꺼기의 두께: _____ cm

압력을 가한 총 시간: _____ 초

유속: _____ cm^3 ÷ _____ 초 = _____ m^3/s

TDS: _____ % PE: _____ × _____ ÷ _____ = _____ %

감각평가: _____

_____

_____

_____

_____

_____

_____

추가 선택사항: 실험을 통해 얻은 값으로 투과도(㎠)를 계산할 수 있다. 투과도 κ 는 식 (1)을 이용해 풀 수 있고, Q와 $P_{applied}/L$ 실험값에 대입할 수 있다. 80℃ 부근에서 물의 점도는 $\mu \approx 0.35 \times 10^{-3}\ Pa \cdot s$ 로 추산한다. 여기서 $Pa \cdot s$는 '파스칼 초'로 읽는다. 파스칼은 제곱미터당 1뉴턴과 동일한 압력의 단위이고 6895파스칼은 $1psi$ 이다. 계산된 투과도는 분쇄도에 따라 얼마나 달라지는가?

로스팅 결과

커피 종류: _____   로스터 세팅: _____

생두의 질량: _____ g   로스팅 후 질량: _____ g

로스팅 소요 시간: _____ 분   에너지 사용량: _____ kW–hr

기록: _____

_____

_____

_____

_____

_____

_____

_____

커피 종류: _____   로스터 세팅: _____

생두의 질량: _____ g   로스팅 후 질량: _____ g

로스팅 소요 시간: _____ 분   에너지 사용량: _____ kW–hr

기록: _____

_____

_____

_____

_____

_____

_____

Part C – 로스팅

마지막으로 다음 실험을 위해 원두를 두 가지 이상 로스팅하고 에너지 사용량을 추적 기록하라! 디자인 콘테스트가 얼마 남지 않았다. 로스팅을 최적화하는 것이 중요한 요소가 될 것이다. 좋아하는 생두에 사용할 로스팅 프로필을 찾았는가?

실험 보고서

정해진 기한까지, 각 조는 다음이 포함된 보고서를 제출하라. (1) 유속 vs. 압력구배의 산점도, (2) TDS vs. 유속의 산점도, (3) 다음 질문에 대한 답변.

1) 유속 vs. 압력구배의 산점도를 준비하라(세로축 – Q[cm³/s], 가로축 – $P_{applied}/L$). 만약 Part A와 B를 모두 수행했다면, 도표에 최소 7개의 점이 찍혀 있을 것이다. 다른 색(또는 형태)을 사용하여 각기 다른 분쇄도로 실험한 것을 표시하라. 글상자를 삽입하여 어떤 분쇄도를 사용했는지 구분하라.

2) 각 추출물의 TDS vs. 유속의 산점도를 준비하라. 이전과 동일한 색(또는 형태)을 사용하고 글상자를 삽입하여 어떤 분쇄도를 사용했는지 표시하라. 어떤 경향이 관찰되는가? 유속에 따라 TDS가 증가 또는 감소하는가? 또 눈에 띄는 변화는 없는가?

3) 아래 질문에 간략하게 답하기

   ⅰ) 다르시의 법칙은 물이 분쇄 커피를 통과하는 속도를 얼마나 정확히 보여 주는가? 중간 분쇄도에서 Q와 $P_{applied}/L$ 사이의 선형 경향을 얻었는가?

   ⅱ) 거칠거나 고운 분쇄도의 유속은 왜 중간 분쇄도와 같이 직선으로 감소하지 않는가? 다르시의 법칙에서 분쇄도에 따라 어떤 변수(항목)가 달라지는가?

   ⅲ) 유속에 따라 TDS는 어떻게 변하는가? 어떤 경향이 관찰되는가? 일반적으로, 유속으로 TDS 값을 예측하는 것은 좋은 방법인가?

   ⅳ) 다른 유속과 조건들은 커피 맛에 어떠한 영향을 주었는가?

일반적인 카페에 가 보면, 다양한 커피를 기본으로 엄청나게 긴 메뉴판을 볼 수 있다. 라테, 카푸치노, 마키아토, 모카, 플랫 화이트, 아메리카노, 레드아이Red eyes 등은 보통 작은 카페에서도 볼 수 있는 메뉴이다. 비록 각 음료들의 특징은 우유의 양이나 다른 재료에서 기인하지만, 한 가지 공통점을 가지고 있다. '에스프레소'가 중심 재료라는 것이다.

에스프레소란 무엇인가? 어떤 사람들은 에스프레소가 다른 종류의 로스팅이라고 오해하지만, 사실 추출 방식 중 하나이다. 실제로 에스프레소는 고압을 가한다는 것을 제외하고 에어로프레스와 상당히 유사한 커피 추출 방법이다. 우리의 손으로는 에어로프레스에 최대 30kg, 약 $7psi$(0.5기압)을 가할 수 있다. 반면에 에스프레소 머신 안에 있는 뜨거운 물은 일반적으로 $130psi$까지 압력을 가하는데, 이는 약 9기압에 해당한다!

에스프레소 머신은 어떻게 높은 압력을 생성하는 걸까? 에스프레소는 1900년대 초 이탈리아에서 발명되었는데, 초창기 머신에는 큰 지렛대가 있어 바리스타가 손으로 눌러 물에 압력을 가했다. 현대의 바리스타들은 사실 아무것도 누르지 않지만, 에스프레소를 '풀링 샷Pulling shot(끌어내린 샷)'이라고 부르는 것을 종종 듣게 되는 이유이다. (초창기의 수동 지레를 사용한 에스프레소 머신은 꽤 위험했다. 손이 미끄러지면 지레가 날아가서 턱이 부서질 수도 있었다!) 대부분의 현대 에스프레소 머신은 지렛대 대신 '보일러'를 사용한다. 보일러는 기계 내부에 있고 물을 끓여 증기를 최대 9기압까지 압축할 수 있다. 더 비싼 기계들은 압력을 정밀하게 조절할 수 있는 '양변위 펌프'를 사용한다는 것이 특징이다.

이렇게 높은 압력을 이용하면, 물이 굉장히 빠른 속도로 분쇄 커피를 통과할 수 있다. 사실 '에스프레소Espresso'라는 이름은 빠르고 '신속한Express' 추출 기술임을 암시한다. 그럼에도 불구하고 에스프레소 샷이 추출되고 있는 모습을 보면, 굉장히 천천히 나오는 것처럼 보인다. 작은 에스프레소 잔 하나를 채우는 데 30초 정도 걸린다. 에어로프레스와 마찬가지로 에스프레소의 유속도 다르시의 법칙을 따른다. 에어로프레스와 달리 에스프레소에 사용하는 원두는 일반적으로 아주 곱다. 이는 부피 대비 표면적 비율을 최대화하여 물질전달 속도를 높인다(실험 6으로 돌아가라). 하지만 아주 작은 입자 크기는 동시에 투과도 κ를 엄청나게 낮춘다. 결과적으로 에스프레소의 전형적인 샷(한 잔)은 엄청난 압력을 가함에도 유속이 낮다.

투과도는 바리스타들이 좋은 샷을 뽑는 기술을 연마해야만 하는 이유를 알려 준다. 입자 크기의 작은 변화는 투과도에 지대한 영향을 줄 뿐만 아니라, 유량과 상응하는 물질전달에도 영향을 미쳐 결과적으로 향미에 큰 변화를 가져온다. 바리스타는 많은 시간을 분쇄도를 '조절하는 데' 할애한다. 뿐만 아니라, '탬핑Tamping(다지기)' 기술을 완벽하게 다져야 한다. 이것은 무거운 금속 탬퍼로 분쇄 커피를 에스프레소 머신의 '포터필터' 안에 잘 다져 눌러 담는 퍽Puck을 만드는 과정이다.

잘 추출한 에스프레소 한 잔은 달고 걸쭉하며, 원두에서 이산화탄소가 급격히 빠져나오며 생기는 아름다운 '크레마'가 있다. 따라서 이 모든 수고는 그럴 만한 가치가 있는 것이다. 에스프레소는 최대한 빨리 마셔야 크레마가 사라지기 전에 즐길 수 있다. 물론 라테나 카푸치노같이 우유가 들어간 음료를 선호한다면, 고농축의 에스프레소 샷을 원하는 강도의 커피 향만큼 첨가하면 된다. 어느 쪽을 선호하든 이를 가능하게 해주는 다르시의 법칙에 감사하자!

실험 9 – 필터의 영향과 콜로이드 유체

▣ 목표
이번 실험에서는 광학 현미경을 사용하여 커피에 존재하는 '콜로이드'를 확인하고, 거름 방법에 따라 커피의 콜로이드 양과 식감에 어떤 변화가 있는지 평가할 것이다.

▣ 장비
☐ 에어로프레스 ☐ 프렌치 프레스 ☐ 클레버 커피 추출기 ☐ 금속 거름망
☐ 전기 주전자 ☐ 현미경 & 슬라이드글라스 ☐ 전자 굴절계 ☐ 소비전력측정기
☐ 가정용 커피 로스터

▣ 활동
☐ Part A – 거름의 효과 증명하기
    ☐ 에어로프레스로 두 번 추출하여 금속과 종이 거름망 비교하기
    ☐ 프렌치 프레스로 두 번 추출하여 입자 크기 비교하기
    ☐ 클레버 커피로 두 번 추출하여 미리 적신 필터와 마른 필터 비교
☐ Part B – 현미경으로 추출한 커피의 콜로이드와 기름방울 관찰하기
☐ Part C – 다음 실험에 사용할 원두 한 가지 이상 로스팅하기

▣ 보고서
☐ 다양한 거름 방법에 대한 TDS의 막대그래프
☐ 다양한 거름 방법의 이미지당 콜로이드 개수의 막대그래프

☐ 현미경으로 관찰한 사진과 내용 설명
☐ 이번 실험의 주요 질문과 시음 기록에 대한 논의

배경지식 – 콜로이드 분산

지나간 실험에서 추출물의 '용존 고형물 총량TDS'을 측정했다. '용존'이란 (카페인 또는 구연산 같은) 개별 분자가 물 분자에 완전히 둘러싸인 것을 의미한다. 커피에서 추출한 물질이 다 물에 용해되는 유기 분자는 아니다. 마시는 커피, 즉 고형 분쇄 커피에서 추출되는 물질은 세 종류이다.

첫 번째는 기체, 주로 이산화탄소(CO_2) 휘발성 유기 화합물(VOCs)이다. 특히 신선한 원두 안에는 높은 농도의 이산화탄소가 들어 있다. 내부에 다량의 이산화탄소가 든 신선한

분쇄 커피에 뜨거운 물을 부으면, 슬러리Slurry(고체와 액체의 혼합물 또는 미세한 고체입자가 물 속에 분산된 현탁액) 위로 거품이 떠오르는 것을 볼 수 있다. 이것은 커피만큼 높은 이산화탄소 농도는 아니지만, 탄산음료나 맥주에서 거품이 만들어지는 원리 및 방식과 완전히 동일하다. 그럼에도 불구하고 이러한 거품이 생성되는 것은 신선한 원두를 사용하고 있음을 보여 주는 좋은 신호이다.

두 번째로, '불용성 고체'의 일부는 거름망을 통과해 추출물 안으로 들어간다. 이상적으로는 분쇄하는 동안 모든 커피 입자의 크기가 동일해져야 하지만, 그렇게 되지는 않는다. 실제로는 큰 것, 중간 크기, 아주 작은 입자 등 다양한 크기가 분포되어 있다. 거름망의 평균 기공 크기보다 작은 입자들은 거름망을 통과하여 우리가 마시는 추출

물 속으로 이동한다. 이런 작은 입자들을 '콜로이드 입자'라고 하는데, 콜로이드는 과학적 용어로, 쉽게 말해 '용해되지 않고 미세하게 분산된 것'을 의미한다. 콜로이드는 일반적으로 1~10,000nm(나노미터)의 범위에 들어간다(즉 최대 약

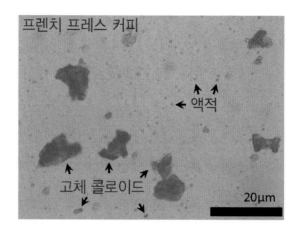

프렌치 프레스 커피

액적

고체 콜로이드

20μm

10미크론[1미크론은 1μm이고, 그리스 문자 mu(뮤)를 사용한다. 1,000nm는 1미크론이고, 1,000미크론은 1mm이다]). 비교하자면 사람의 머리카락의 평균 지름은 약 70미크론이고, 맨눈으로는 약 30미크론 이상의 물체를 분간할 수 있다. 즉 커피 속 콜로이드는 보이지 않을 정도로 작다!

세 번째로, 추출된 커피 안에는 '에멀전화 된 기름'이 있다. '에멀전Emulsion'이란, 쉽게 말해 고체가 아니라 액체 방울로 된 콜로이드 부유물을 말한다. 이를테면 식초와 오일이 잘 섞인 샐러드 드레싱처럼 말이다. 로스팅한 커피에서는 다양한 기름이 배출되는데, 특히 강배전 커피가 그렇다. 고체 콜로이드와 함께 에멀전화 된 기름방울도 커피의 점도를 변화시켜 식감(입안 촉감)에 영향을 미친다. 하지만 이 기름방울들은 쓴맛이 나는 물질일수록 수용성보다는 지용성(기름에 더 잘 녹음)이기 때문에 더 '강한' 영향을 미치는 경향이 있다. 일반적으로 약간의 기름은 좋은 식감을 만들지만, 과도하면 쓴맛이 난다.

고체 입자와 기름방울, 이 두 콜로이드의 특징은 '브라운 운동Brownian motion'을 한다는 것이다. 현미경으로 미크론 크기의 콜로이드를 보면, 임의로 이리저리 움직이고 있다. 1800년대에는 콜로이드가 이렇게 움직이는 것은 분명 살아 있음을 의미한다고 생각했다(살아 있는 사람들이 움직이는 것처럼 말이다). 하지만 알버트 아인슈타인은 그 이유를 정확히 알아냈다. 그는 이러한 움직임이 주위 물 분자 때문임을 밝혀냈다. 주변에 있는 물 분자들이 끊임없이 콜로이드에 부딪히는데 더 많은 물 분자들이 한쪽에서 밀어붙이게 되면서 콜로이드가 움직이는 방향이 휘청이게 된다. 물 분자의 충돌에 의한 순간적인 불균형은 콜로이드를 임의의 방향으로 이동시킨다. 아인슈타인은 고

립된 콜로이드의 흔들리는 정도가 콜로이드의 반지름 R에 반비례함을 보였고, 이는 다음과 같다.

$$\text{브라운 운동의 속도} \propto \frac{T}{\mu_w R} \tag{1}$$

여기서 T는 온도이고 μ_w는 물의 점도이다. 다시 말해서 뜨거운 유체와 작은 콜로이드는 더 빠르게 무작위로 흔들린다는 것이다.

혀가 개별 콜로이드를 감지하지 못할 정도로 작음에도 불구하고, 무작위로 움직이는 콜로이드의 존재는 커피 맛에 큰 영향을 미친다. 특히 콜로이드는 추출의 점도를 변화시켜 '바디감Body'에 큰 영향을 미친다. 또한 아인슈타인은 콜로이드가 더 많을수록 유체 전체의 점도가 높아진다는 것을 밝혀냈다. 추출한 커피의 점도(μ_{coffee})는 다음 식을 따른다.

$$\mu_{coffee} = \mu_w\left(1 + \frac{5}{2}\phi\right) \tag{2}$$

여기서 ϕ는 커피 속 콜로이드의 '부피 분율'이다. 즉 $\phi = V_{colloid}/V_{water}$ 이다. 따라서 추출한 커피 속에 더 많은 콜로이드가 존재하면, 점도가 높아져서 촉각, 즉 커피가 입안에서 어떻게 느껴지는지에 영향을 미치게 된다. 다시 말해서 커피 속에 콜로이드가 많을수록 '바디감'은 높아진다.

배경지식 – 거름/필터

추출한 커피 속 콜로이드의 양은 어떻게 조절할까? 답은 간단하다. 거르면 된다. 콜로이드와 에멀전화 된 기름은 거름망의 종류에 크게 영향을 받는다. 거름망의 평균 기공 크기는 직접적으로 추출한 커피 속 콜로이드 크기를 조절한다. 만약 기공이 큰 매

우 거친 거름망을 사용한다면, 분명히 더 많은 콜로이드가 추출물로 이동할 것이다

일반적인 커피 거름종이의 기공 크기에 대한 자료는 거의 찾아볼 수 없다. 검증되지 않은 웹사이트에서는 5~100미크론(0.1mm) 사이라고 주장하는데, 이것은 너무 넓은 범위이다. 거름종이를 현미경으로 보면 오른쪽의 사진과 같다. 다양한 모양과 5~30미크론 범위의 기공이 관찰되지만, 관찰 위치와 제조사에 따라 일반적인 기공 크기가 다르다. 거름종이는 대나무처럼 빠르게 자라는 나무 펄프의 주된 성분인 리그노셀룰로오스Lignocellulosic 섬유질로 구성되어 있다. 종이에는 주름이 있어 커피가 섬유질층을 따라 더 쉽게 흘러간다. 거름종이는 또한 밑면이 원뿔 형태인지 평평한지에 따라 다르다. 케멕스 특수 필터Specialty Chemex filters는 더 두껍고 작은 기공을 가지고 있는 것으로 알려져 있다. 그에 비해 금속 또는 그물 거름망은 아래 표와 155페이지 사진에서 보이는 바와 같이 훨씬 더 균일하다.

기공 크기와 개수(즉 표면적 비율)의 차이는 추출되는 분쇄 커피 입자의 양과 중력 추출 방법의 물이 빠져나오는 속도에 영향을 미친다. 자동 추출 방법은 일반적으로 500~800미크론의 분쇄 커피 입자를 사용한다. 정밀도가 높은 콘앤버 분쇄기를 사용할지라도, 최종적으로 얻어지는 커피 입자 크기는 약 10미크론에서 거의 1,000미크론(1,000미크론=1mm)까지 엄청나게 범위가 넓다. 비유하자면 평균 학점은 'B'이지만, 모든 등급이 하나의 수업/반 안에 나타나는 시험 성적 분포와 비슷하다는 것이다. 분쇄도가 균일할수록 추출도 균일해진다. 프렌치 프레스는 거름망이 조악하여 주변으로 새기 때문에, 일반적으로 800~1,200미크론의 큰 입자를 사용한다. 비교를 위해 알아두자면, 에스프레소는 200미크론 정도이다.

필터 종류	기공 모양	기공 크기(미크론)
종이	직물	5~100
에어로프레스 종이	직물	5~30
에어로프레스 금속(고움)	원형	200
에어로프레스 금속(성김)	원형	250
금색 체	정사각형	150
나일론 체	정사각형	250
프렌치 프레스	직사각형	180~230

거름망의 형태와 구조도 중요하지만, 거름망의 화학적 조성 또한 어마어마하게 중요하다. 종이 거름망은 셀룰로오스 섬유질로 되어 있는데, 셀룰로오스는 (물을 싫어하는) 소수성과 (기름을 좋아하는) 친유성을 모두 가지고 있다. 다시 말하자면 거름종이는 에멀전화 된 기름을 쉽게 흡수하여 추출한 커피의 기름의 양은 줄어들게 된다. 거름종이는 기름을 흡착Adsorption 및 흡수Absorption한다. 흡착은 기름이 종이 섬유질 표면에 달라붙는 것을 말하고, 흡수는 스펀지가 빈 공간에 액체를 빨아들이는 것과 같은 현상이다. 거름종이를 사용하여 에어로프레스로 내린 커피를 자세히 들여다보면, 추출한 커피 안에 기름이 상당히 많이 포함되어 있다. 가해진 압력으로 인해 거름종이에 흡수된 많은 양의 기름이 압출되기 때문이다.

반면 금속 거름망은 소유성(기름을 싫어함)이다. 기름방울들은 금속에 흡수되거나 흡착되지 않기에 저항 없이 필터를 통과한다. 따라서 금속 거름망을 사용하면, 추출물 속 에멀전화 된 기름의 양이 최대가 된다. 이 기름방울들은 고체 콜로이드와 마찬가지로 점도(그 결과 입안의 촉감)에 영향을 미친다. 뿐만 아니라 커피 속에 존재하는 쓴 분자들은 지용성이기 때문에 풍미에도 강한 영향을 미친다. 다시 말해 기름방울들로 인해 감지할 수 있을 만큼의 쓴맛이 나게 된다.

마지막으로 몇몇 커피 전문가들이 추출 전에 거름종이를 적셔야 한다고 주장하는데, 이것이 왜 중요할까? 여기에는 최소 두 가지 가능성이 있다. 첫 번째로, 거름종이에서 떨어져 나와 추출물 속에 들어간 미세한 부스러기로 인해 '종이'의 향미를 느끼는 사람들도 있다. 그래서 종이를 먼저 적심으로 이들 미세한 조각들을 흘려 보

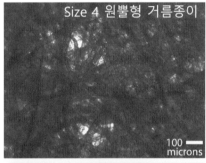

Size 4 원뿔형 거름종이

100 microns

에어로프레스용 고운 금속 거름망

100 microns

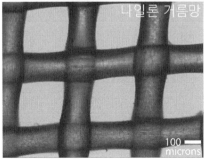

나일론 거름망

100 microns

내는 것이다. 두 번째로, 거름종이가 이미 완전히 젖어 있다면 쉽게 추출되는 향미 분자들로 가득한 첫 번째 커피 방울들이 쉽게 흡수되지 못할 것이다. 다시 말해 건조한 거름종이는 커피가 처음 추출될 때 그것의 일부를 빼앗아 가지만, 미리 적신 거름종이는 그렇지 않다는 것이다. 그런데 이게 중요할까? 시음을 통해 확인해 보자!

Part A – 콜로이드와 거름

거름이 추출된 콜로이드와 에멀젼화 된 기름에 미치는 영향을 알아보기 위해 다음의 세 가지 구성을 비교해 볼 것이다. 가능하다면, 여섯 번 추출할 동안 같은 커피를 사용하라.

1) 먼저 거름종이와 금속 거름망을 제외한 동일한 조건(분쇄도, 커피의 질량, 물의 질량)으로 에어로프레스를 두 대 준비하라. 동일한 압력과 추출 시간(2~4분)으로 추출하라.

2) 각 추출물의 TDS를 측정하고 맛을 보라. 감각적 인상은 어떠한가? 바디감 또는 식감의 차이가 감지되는가? 기름은 추출한 커피의 표면에 모이는 경향이 있다 (기름은 물보다 밀도가 낮다). 기름이 보이는가?

3) Part B에서 현미경으로 관찰할 수 있도록 에어로프레스로 추출한 각각의 시료들을 소량 보관해 둔다.

4) 다음으로 두 대의 작은 프렌치 프레스를 준비하라. 한 대는 에어로프레스와 동일한 조건(동일한 추출비, 물 온도, 분쇄도)으로 다른 하나는 훨씬 작은 분쇄도로 준비한다. 4분이 되면 누르개를 눌러 분쇄 커피를 걸러낸 다음, 커피를 따라낸다.

5) TDS를 측정하고(먼저 오른쪽의 주의사항을 숙지하라) 추출한 커피의 맛을 보라. 에어로프레스와 비교해 어떠한가? 작은 입자 크기는 프렌치 프레스 추출의 풍미와 식감에 어떠한 영향을 미쳤는가? 고운 가루의 점도가 높게 느껴지는가? 이번에도 현미경으로 관찰할 수 있도록 시료를 덜어 보관한다.

6) 마지막으로 거름종이와 클레버 커피 추출기 두 대를 준비하라. 한 대는 분쇄 커피를 넣기 전에 뜨거운 물을 부어 거름종이를 먼저 적신다. 거름종이의 종류와

물 붓는 기술에 따라 다르겠지만, 거름종이를 충분히 적신다. 다른 추출기의 거름종이는 그대로 둔다.

7) 거름종이를 미리 적신 물(즉 컵에 '걸러진' 물)의 맛과 향은 어떠한가? 보통의 물과 다른 점을 말할 수 있는가? 걸러진 물의 TDS를 측정해 보라. 일반적인 물과 다른가? 현미경으로 관찰할 수 있도록 필터를 통과한 물의 시료를 보관한 뒤, 나머지는 버린다.

8) 클레버 커피를 사용해 에어로프레스와 같은 조건으로 동일하게 두 번을 추출한다. 추출 후 TDS를 측정하고, 현미경 관찰에 사용할 시료를 보관하라. 시음을 할 때는 눈을 감도록 한다. 무엇이 어떤 것인지 알려주지 말고 맛보게 하라. 거름종이를 미리 적신 것과의 차이를 감지할 수 있는가? 아니면 두 가지의 맛은 같은가?

휴대용 굴절계의 올바른 사용법

시료 속 큰 입자나 기름방울은 큰 오차를 일으킬 수 있으니 주의한다 (상대적으로 큰 물체는 빛의 경로를 바꾼다). 바닥이 아니라 시료 표면에 있는 커피를 채취하라! 눈에 띄는 입자나 기름띠가 있는 시료의 측정은 피하고, 측정 전 킴와이프로 굴절계를 깨끗이 닦는다.

에어로프레스 추출 결과 - 종이 vs. 금속 거름망 비교

커피 종류: _____

뜨거운 물의 질량: _____ g 분쇄 커피의 질량: _____ g 추출비: _____

뜨거운 물의 온도: _____℃ 분쇄도: _____

최초 추출 시간: _____ 분

에어로프레스, 종이 거름망

추출한 커피의 질량: _____ − _____ = _____ g (가득 찬 컵 − 빈 컵)

가해준 힘: _____ kg

압력을 가하며 추출한 시간: _____ 초

유량: _____ cm^3 ÷ _____ 초 = _____ cm^3/ s

TDS: _____ % PE: _____ × _____ ÷ _____ = _____ %

감각평가: _____

_____

_____

_____

_____

에어로프레스, 금속 거름망

추출한 커피의 질량: _____ − _____ = _____ g (가득 찬 컵 − 빈 컵)

가해준 힘: _____ kg

압력을 가하며 추출한 시간: _____ 초

유량: _____ cm^3 ÷ _____ 초 = _____ cm^3/ s

TDS: _____ % PE: _____ × _____ ÷ _____ = _____ %

감각평가: _____

_____

_____

_____

_____

에어로프레스 추출 결과 – 분쇄도 비교

커피 종류: _____

뜨거운 물의 질량: _____ g 분쇄 커피의 질량: _____ g 추출비: _____

뜨거운 물의 온도: _____℃ 최초 추출 시간: _____ 분

프렌치 프레스, 거친 입자

분쇄도: _____

추출한 커피의 질량: _____ − _____ = _____ g (가득 찬 컵 − 빈 컵)

TDS: _____ % PE: _____ × _____ ÷ _____ = _____ %

감각평가: _____

_____

_____

_____

_____

_____

_____

프렌치 프레스, 고운 입자

분쇄도: _____

추출한 커피의 질량: _____ − _____ = _____ g (가득 찬 컵 − 빈 컵)

TDS: _____ % PE: _____ × _____ ÷ _____ = _____ %

감각평가: _____

_____

_____

_____

_____

_____

_____

에어로프레스 추출 결과 – 미리 적신 거름종이 비교

커피 종류: _____

뜨거운 물의 질량: _____ g 분쇄 커피의 질량: _____ g 추출비: _____

뜨거운 물의 온도: _____ ℃ 분쇄도: _____

최초 추출 시간: _____ 분

클레버 커피, 마른 거름종이

추출한 커피의 질량: _____ − _____ = _____ g (가득 찬 컵 − 빈 컵)

TDS: _____ % PE: _____ × _____ ÷ _____ = _____ %

감각평가: _____

_____

_____

_____

_____

_____

클레버 커피, 미리 적신 거름종이

일반 물의 TDS: _____ % 걸러진 물의 TDS(거름종이를 적신 후): _____ %
걸러진 물의 감각평가: _____

추출한 커피의 질량: _____ − _____ = _____ g (가득 찬 컵 − 빈 컵)

TDS: _____ % PE: _____ × _____ ÷ _____ = _____ %

감각평가: _____

_____

_____

_____

_____

_____

Part B – 추출한 커피의 현미경 관찰

1) 이제 몸에 카페인이 돌고 있으니, 현미경으로 관찰해 보자. 가장 먼저 할 일은 현미경의 배율과 크기 감각에 익숙해지는 것이다. 크기를 아는 물체나 보정 기준 물체가 있다면 현미경에 올린다. 본인 또는 친구의 머리카락도 괜찮다(0.5cm 정도). 머리카락의 두께는 사람에 따라 지름이 약 50~150미크론이다. 이것은 정확도는 떨어지지만, 커피 콜로이드를 비교하는 반정량적 기준이 된다. 머리카락(또는 크기를 아는 물체)을 슬라이드글라스에 놓은 후 현미경에 올린다. 그리고 상이 선명해질 때까지 초점과 빛을 조절한다. 대략적인 크기를 기억해 두라.

2) 프렌치 프레스로 추출한 커피를 약간 채취하여 깨끗한 슬라이드글라스에 떨어뜨린 다음, 커버글라스로 덮는다. 커버글라스 아래에 기포가 생기지 않도록 주의하라. 현미경에 올려놓고 커피 콜로이드가 선명하게 보일 때까지 광량과 빛세기, 초점을 조절하고, 시료의 중심 부근을 관찰한다(가장자리 쪽은 물의 증발로 움직임이 있을 수 있다).

3) 고체 콜로이드는 모양이 균일하지 않고, 기름방울들은 원형일 것이다. 각각의 크기는 대략적으로 얼마인가? 브라운 운동이 보이는가? 만약 입자들이 슬라이드글라스에 '붙어' 있다면, 움직임이 없을 것이다. 활발하게 움직이는 입자를 찾아라. 작은 콜로이드와 큰 콜로이드의 움직임을 추적 비교하라. 큰 입자와 작은 입자는 식 (1)에 따라 움직이는가?

4) 가능하다면, 현미경으로 콜로이드의 사진을 찍고 시야에 들어오는 개수를 세라. 사진을 저장할 수 없다면, 현미경을 관찰하는 동안 입자의 개수와 크기를 확인하라.

5) 다른 시료의 슬라이드글라스를 준비하고 각각의 사진을 찍는다. 추출 방법에 따라 어떤 차이점이 관찰되는가? 기름방울의 상대적인 양, 커피 입자의 크기와 개수, 그 외 관련된 관찰 결과들을 기록하라. 거름종이에 걸러진 물에서는 어떤 것이 보이는가?

현미경 관찰

프렌치 프레스, 분쇄도-거침   보이는 입자의 수: _____
관찰 및 기록: _____
_____

프렌치 프레스, 분쇄도-고움   보이는 입자의 수: _____
관찰 및 기록: _____
_____

에어로프레스, 종이 거름망   보이는 입자의 수: _____
관찰 및 기록: _____
_____

에어로프레스, 금속 거름망   보이는 입자의 수: _____
관찰 및 기록: _____
_____

클레버 커피, 마른 거름종이   보이는 입자의 수: _____
관찰 및 기록: _____
_____

클레버 커피, 미리 적신 거름종이   보이는 입자의 수: _____
관찰 및 기록: _____
_____

거름종이 거른 물   보이는 입자의 수: _____
관찰 및 기록: _____
_____

Part C – 로스팅

마지막으로 다음 시간을 위해 원두를 두 가지 이상 로스팅하고, 에너지 사용량을 지속적으로 추적하라! 이후의 실험에서는 디자인 콘테스트에 집중할 것이기에, 로스팅의 최적화가 점점 더 중요해질 것이다. 사용할 생두에 맞는 로스팅 프로필을 찾았는가?

로스팅 결과

커피 종류: _____ 로스터 세팅: _____

생두의 질량: _____ g 로스팅된 원두의 질량: _____ g

로스팅 소요 시간: _____ 분 에너지 사용량: _____ kW-hr

기록: _____

_____

_____

_____

_____

_____

_____

_____

_____

_____

_____

커피 종류: _____ 로스터 세팅: _____

생두의 질량: _____ g 로스팅된 원두의 질량: _____ g

로스팅 소요 시간: _____ 분 에너지 사용량: _____ kW-hr

기록: _____

_____

_____

_____

_____

_____

_____

_____

_____

_____

실험 보고서

정해진 기한까지 각 조는 다음을 포함한 실험 보고서를 제출하라. (1) 추출 및 거름 방법에 대한 TDS의 막대그래프, (2) 각각의 추출물에 라벨을 붙인 사진, (3) 추출물에 포함된 입자 개수의 막대그래프, (4) 아래 질문에 대한 답.

1) 추출 및 거름 방법에 대한 TDS의 막대그래프 그리고 추출 및 거름 방법에 대한 PE의 막대그래프. 각 그래프에는 6개의 결과를 보여 주는 점이 있어야 한다. 항목마다 분명하게 라벨을 붙인다. 어떤 경향이 관찰되는가?

2) 가능하다면(기록한 사진을 저장할 수 있다면), 각각의 추출/거름 방법에 대한 현미경 관찰 사진에 설명을 붙인다.

3) 추출 및 거름 방법에 대한 각각의 현미경 사진 속 대략적인 콜로이드 개수의 막대그래프. 만약 콜로이드를 셀 수 있는 사진이 없다면, 어떤 추출/거름 방식이 입자가 더 많았는지 많은 것부터 순서대로 표를 만들라. 어떤 추출 방법이 콜로이드가 가장 많은가? 또는 가장 적은가?

4) 다음 질문에 간단하게 답하기

　ⅰ) 거름망의 조성(종이 vs. 금속)은 추출한 커피의 풍미를 감지할 만큼 변화시켰는가? TDS 변화에 따른 맛의 차이가 있었는가?

　ⅱ) 분쇄도가 프렌치 프레스 추출에 영향을 주었는가? TDS는 얼마나 변했는가? 향은 어떻게 달라졌는가?

　ⅲ) 거름종이를 미리 적신 것은 무엇에 어떤 영향을 주었는가? 걸러진 물의 맛을 보거나 그 안에 포함된 것을 측정할 수 있었는가?

　ⅳ) 현미경을 통해 커피 시료를 관찰한 내용을 설명하라. 어떤 추출물의 입자가 가장 많았는가? 다른 것보다 기름방울이 더 많은 추출물이 있는가? 입자의 수는 감각적 인상과 어떤 상관관계가 있었는가? 보통 어떤 추출 그리고 거름 방식을 선호했는가?

대부분의 커피 추출 방식은 모종의 거름 단계를 거친다. 자동 드립, 프렌치 프레스, 케멕스, 진공 추출기, 구식 여과기 그리고 보통의 에스프레소 제조기 모두 나름의 거름망을 가지고 있다. 그런데 **왜** 추출물을 걸러야 할까? 컵 바닥의 슬러지Sludge(침전물)를 막기 위해서인가? 거름이 꼭 필요한가?

'반드시 그런 것은 아니다!'가 답이다. 전 세계 수많은 이들이 거르지 않은 커피를 즐기고 있으며 그 종류도 다양하다. 가장 유명한 예가 튀르크 커피이다(아라비아 커피라고도 알려져 있으며, 이스라엘에서는 '보츠[botz]'나 '진흙' 커피로도 불린다). 튀르크 커피는 원두를 매우 곱게 갈아서(평균 약 100미크론) 튀르크어로 체즈베Cezve(영어로는 이브리크 Ibrik라고 함)라고 부르는 특별한 추출 단지에 넣는다. 이후 물과 분쇄 커피를 끓이고 식히기를 수차례 반복하며 거품을 점차 증가시킨다. 마지막으로 개별 잔에 거르지 않고 옮겨 붓는다. 종종 설탕과 카다몸 열매나 다른 향신료를 넣어 단맛과 풍미를 추가한다. 거르지 않았기 때문에, 다량의 입자와 콜로이드가 컵 안에 남아 있다. 큰 커피 입자는 중력에 의해 가라앉지만, 작은 입자들은 분산된 채로 남아 있어 음료를 더 걸쭉하게 만든다. 튀르키예 사람들은 숟가락을 컵 안에 넣었을 때 똑바로 서 있지 않으면, 제대로 된 커피가 아니라고 농담하기도 한다.

거르지 않은 커피를 경험하기 위해서 굳이 중동을 여행할 필요는 없다. 북아메리카에도 '카우보이 커피'라는 전통 커피가 있다. 굵은 분쇄 커피를 물에 넣고 화염이 일렁이는 불(일반적으로 모닥불)에 가열하여 추출한 것을 카우보이 커피라고 한다. 제대로 만들면 맛 좋은 커피 한 잔을 마실 수 있지만, 보통은 쓴맛과 신맛이 과하다고 알려져 있다. 카우보이 커피의 평판이 나쁜 원인은 두 가지이다. 추출과 가열을 조절하기 어려워서 커피가 분해되지 못하기 때문이다. 실험 4를 기억해 보자. 모닥불에 가열하던 커피를 내려놓으면, pH가 낮아지는 화학반응이 일어나 품질이 떨어진다.

모닥불의 온도는 조절할 수 있다고 하더라도, 추출은 여전히 조절하기 어렵다. 이상적인 추출은 18~22%라는 것을 기억하자. 로스팅한 커피 질량의 26~30%를 추출할 수 있으므로, 이것은 추출할 수 있는 커피 성분을 일부 남겨 둔다는 의미이다. 사실 다양한 향미 성분은 저마다 물에 대한 용해도가 다르며, 추출하는 데 시간이 더 걸리는 마지막 몇 퍼센트는 쓴 특성과 관련이 있다. 과다추출은 보통 거름(여과)을 통해 피할 수 있다. 단순히 분쇄 커피를 분리하여 추출(접촉/노출 시간)을 방해하는 것이다. 게다가 대부분의 커피애호가들은 91~94℃를 '쓴' 향미 화합물의 추출을 제한하는 이상적인 추출 온도로 규정하고 있다. 따라서 대부분의 추출 방법과 추출 시간은 이 온도를 기초로 한다. 100℃의 끓는 물은 쓴 화합물의 추출을 야기한다.

카우보이 커피 한 잔을 더 맛있게 만들려면, 물을 먼저 데운 다음(물이 끓었다면, 몇 분 식힌다) 커피를 던져 넣는다. 이 방법이 물의 온도와 추출을 훨씬 수월하게 조절할 수 있다. 4~6분이면 준비가 끝난다. 어떤 카우보이들은 찬물을 살짝 붓기도 한다. 찬물이 (높은 밀도 때문에) 가라앉으면서 커피 고형분을 바닥으로 끌고 내려간다. 마지막으로 잘 추출한 커피를 조심스럽게 '카우보이 또는 카우걸'에게 나누어 주면 된다. 거를 필요는 없다!

실험 10 - 에스프레소의 고압 추출과 점도

◪ 목표

이번 실험에서는 에스프레소의 점도를 집중적으로 탐구할 것이다. 에스프레소 제조기가 있으면 좋지만, 없어도 에어로프레스를 사용하여 아주 낮은 추출비로 준pseudo-에스프레소를 만들면 된다. 점도를 측정하기 위해 '캐논-펜스케Cannon-Fenske' 유리 점도계를 사용할 것이다.

◪ 장비

☐ 에어로프레스   ☐ 전기 주전자   ☐ 전자 굴절계   ☐ 에스프레소 머신(선택사항)

☐ 캐논-펜스케 점도계(크기 50)   ☐ 눈금 실린더, 100mL

☐ 소비전력측정기   ☐ 가정용 커피 로스터

◪ 활동

☐ Part A - 에스프레소 머신을 이용해 여러 잔의 샷Shot 뽑기

☐ 적절한 분쇄 크기를 '조절'하기 위해 에스프레소 샷 뽑는 연습하기

☐ 세 가지 샷(Short, Medium, Long) 뽑기와 각각의 점도 측정

☐ Part B - 준 에스프레소를 만들기 위해 에어로프레스로 여섯 번 추출하기

☐ 에스프레소를 모사하기 위해 낮지만 서로 다른 추출비로 세 번 추출하기

☐ 맛의 최적화와 점도 측정을 위해 세 번 더 추출하기

☐ Part C - 다음 시간을 위해 원두 두 가지 이상 로스팅하기

배경지식 – 에스프레소

우선 에스프레소란 정확히 무엇인가? 대부분의 사람들은 매우 농축된 에스프레소를 만드는 데 사용하는 매우 짙게 로스팅한 원두를 떠올린다. 사실 약배전부터 강배전까지 모든 커피로 에스프레소를 만들 수 있다. 로스팅이 특별한 것이 아니라면 무엇이 에스프레소를 특별하게 만드는 걸

까? 주문을 받고 에스프레소(즉 샷)를 '뽑으려면' 높은 압력을 가하는 꽤나 복잡한 장비를 사용하기 때문이다.

스페셜티 커피협회에서는 에스프레소를 다음과 같이 엄격하게 정의한다.

> "7~9g의 커피를 분쇄하여 92~95°C의 깨끗한 물로 9~10기압의 힘을 가해
> 대략 20~30초 동안 추출하여 만든 25~35mL의 음료"

이것은 보통 에스프레소의 '싱글 샷Single shot'에 대한 정의이다. 흥미로운 점은 이것이 에스프레소 더블 샷의 정의와 거의 같다는 것이다. 더블 샷은 두 배 많은 커피로 두

배의 에스프레소를 얻지만, 추출 시간은 20~30초로 완전히 동일하다. 우리는 실험 8에서 다르시의 법칙으로 다공성 매질(분쇄 커피)을 통과하는 유체의 속도와 압력 차이가 어떻게 연관되는지 배웠다.

$$Q = \frac{\kappa}{\mu} \times A \times \frac{(P_{applied})}{L} \tag{1}$$

에스프레소 제조기 안에서 인가 압력($P_{applied}$)은 9~10기압으로 설정되어 있다. 이것은 꽤나 높은 압력이다! 유체의 점도(μ)는 92~95℃의 물의 점도이며 싱글 샷이든 더블 샷이든 동일하다. 두 배의 커피를 넣었기 때문에 아마도 L이 바뀌었다고 생각할 테지만, 다음 페이지의 거름 컵 사진을 보면 싱글이나 더블 샷의 필터 컵의 깊이는 거의 동일하다(싱글은 더블보다 깊이(L)가 10% 더 작다). 편의상 싱글과 더블 샷의 L이 같다고 가정하자($L_s = L_d$). 하지만 유체의 면적 A는 차이가 많이 난다. 싱글 샷 필터 컵은 더블 샷에 비해 흐름을 위한 면적이 절반 정도이다 ($2A_s = A_d$). 만약 싱글 샷과 더블 샷의 분쇄도를 동일하게 한다면, 투과도(k)도 동일할 것이다. 이 값들을 식에 대입하고 면적만 변화시키면 에스프레소의 수율과 커피의 부피는 두 배가 된다.

$$Q_s = \frac{\kappa}{\mu} \times A_s \times \frac{(P_{applied})}{L} \tag{2}$$

$$Q_d = \frac{\kappa}{\mu} \times 2A_s \times \frac{(P_{applied})}{L} = 2Q_s \tag{3}$$

다시 말해 (이 면적을 차지하는 분쇄 커피의 질량을 제외한) 다른 변수들은 완전히 동일하게 유지하면서 면적이 더 큰 더블 샷 필터 컵으로 두 배의 부피 유속을 얻어내어 두 배의 음료를 얻게 된다. 원하는 유속을 얻기 위해 분쇄도(k)를 약간 조절하는 대신, 바리스타는 일반적으로 최고의 에스프레소 더블 샷을 위한 분쇄도를 따로 맞춘다. 이것은 단순히 에스프레소에 대한 SCA의 정의에 불과하기 때문에 반드시 따라야 하는 것은 아니다. 많은 바리스타들은 최고의 맛을 가진 에스프레소를 만들기 위해 자기만의 과정과 레시피를 개발한다.

이러한 이유로 우리는 에스프레소의 보다 포괄적인 정의-가열한 물로 9~10기압에서 추출한 농축된 커피 음료-를 선호한다. 에스프레소 추출의 특징은 고압의 물을 사용한다는 것이다. 그러면 이것은 실험 8의 에어로프레스 실험과 어떻게 다를까? 에어로프레스에 9기압을 가하려면, 500kg이 넘는 힘을 가해야 한다. 이는 분명 손으로는 불가능하다! 게다가 에어로프레스는 그와 같은 고압이 가능하도록 설계되지 않았기에 아마도 산산조각이 날 것이다. 부디 에어로프레스를 여러 명이 함께 누르는 일이 없기를 바란다.

〈에스프레소 필터 컵〉

싱글   더블

하지만 에스프레소의 맛이 좋기 때문에 값비싼 에스프레소 머신 없이도 비슷한 맛을 내는 방법을 고민해 볼 가치는 있다. 에스프레소는 일반적으로 추출한 커피보다 더 어둡고 점도가 있으며, 상층에 크레마라고 불리는 두껍고 풍성한 거품층이 있다. 에스프레소의 TDS는 약 5~12%로, 일반적으로 추출된 커피보다 훨씬 높은 것으로 알려져 있다. 에스프레소에서 사용되는 추출비가 2~4이기 때문이다. 또한 압력이 가해진 물은 분쇄 커피 속 기름을 더 잘 추출하며(대부분은 트리글리세이드Triglycerides, 디테르펜Diterpenes과 지질이다), 이 기름들은 에멀전화된다(액체상태의 작은 기름방울들).

결과적으로 에스프레소의 점도는 일반 커피의 거의 두 배가 된다. 이것은 묵직한 식감과 부드러움을 준다. 기름은 단지 바디감과 촉감에만 영향을 주는 것이 아니라, 커피 맛을 강화시키는 지용성 분자들을 더 많이 추출할 수 있게 해 준다.

모든 추출 방식에서 물과 분쇄 커피의 접촉시간은 커피의 맛있는 성분들을 추출하는 데 대단히 중요하다. 고압의 물이 분쇄 커피를 너무 빠르게 통과하지 않도록, 에스프레소에는 곱게 간 가루를 사용한다. 분쇄도는 분쇄 커피의 투과도와 직접적인 관련이 있다. 고운 가루일수록 흐름에 더 많은 저항이 생긴다. 완벽하게 동일한 물 온도, 압력 그리고 필터 컵으로 20~30초 동안 25~35mL의 에스프레소를 얻는다는 것은 유속, 즉 추출 시간을 조절한다는 의미이다. 이것은 분쇄도를 통해 조절되며 결과적으로 투과도가 달라지게 된다. 또한 분쇄 커피를 필터 컵 안에 압축하기 위해 탬핑하는데, 탬핑은 수평을 맞추는 역할도 한다. 탬핑하는 동안 유압을 사용하여 고압을 가할 때와 고른 압력을 가할 때의 차이를 보여 주는 연구는 보고된 적이 없다. 오히려 분쇄 커피를 통과하는 물의 압력이 탬핑에 좋은 역할을 하는 것으로 보인다. 사실 대부분의 상업적인 에스프레소 제조기는 가루를 '탬핑'하여 9기압까지 압력을 끌어올린다. 압력을 끌어올리는 것을 일반적으로 '전-추출Pre-infusion'이라고 부르는데, (물)길을 내지 않고 물이 균일하게 커피를 통과하도록 돕는다. 그럼에도 분쇄도, 필터 컵 속 분쇄 커피층의 평평도, 물이 통과할 수 있게 분쇄 커피 속 빈 공간을 제거하는 것 모두 중요하다. 탬핑은 분쇄 커피를 고르고 평평하게 압축하여 빈 공간을 제거하는 데 필수적이다.

다른 것은 액체 부분만이 아니다. 잘 만든 에스프레소는 약 10%의 거품, 즉 크레마가 상부에 있어야 한다. 그러나 거품은 에스프레소를 만든 순간부터 사라지기 시작한다. 우리는 실험 3에서 로스팅 중 생두의 질량손실을 측정해 보았다. 손실된 질량의 대부분은 수증기와 약간의 휘발성 유기 화합물이 방출된 것(이 VOCs의 방출 때문에 커피가 로스팅되면서 향이 달라진다)이었다. 비록 냄새를 맡을 수는 없지만, 생성되어 방출되는 기체는 주로 이산화탄소(CO_2)이다. 신선하게 로스팅한 원두 속 CO_2의 양은 전체 질량의 약 2%이다. CO_2는 로스팅한 원두 안에 일부 갇혀 있지만, 로스팅 후 며칠 혹은 몇 주 동안 천천히 빠져나온다. 하지만 원두를 갈면 쉽게 빠져나올 수 있게 되어 신선한 분쇄 커피에 뜨거운 물을 부어 추출하는 동안 '커피 블룸(팽창)'이 일어나게 된다. 에스프레소 추출 중 커피에서 빠져나온 기름은 액체 속에 에멀전화되어 크레마 속 작은 CO_2 거품의 안정화를 돕는다. 기체는 액체보다 밀도가 낮기 때문에 크레마는 위에 뜬다. 마지막으로 에스프레소가 컵으로 떨어져 압력이 9~10기압에서 1기압으로 낮아지면서 거품이 더 많이 분출된다.

이것은 에스프레소의 몇 가지 속성을 분명하게 보여 주지만, 훌륭한 에스프레소를 만드는 기술과 과학은 일리카페Illy caffé에 더 잘 담겨 있다. "이탈리아 에스프레소는 다상Polyphasic 음료로 로스팅하여 분쇄한 커피와 물로만 만들어지며, 당, 산, 단백질 같은 물질, 카페인, 분산된 기포와 고형분의 수용액 속 미세한 기름방울의 에멀젼 위에 특유의 호랑이 꼬리 패턴을 가진 작은 거품층으로 구성된다."

배경지식 – 점도

위에서 언급했다시피, 에스프레소의 황홀한 식감의 주요 요인 중 하나는 점도와 관련 있다. 이번 실험은 여러 가지 추출의 점도를 측정하고 정량적인 점도 측정값을 입안에서 느껴지는 정성적인 평가와 연관 지을 것이다.

실험 8을 돌이켜보자. 유체의 특성 '점도, μ'는 유체가 얼마나 쉽게 변형되는지, 즉 '전단'되는지 보여 준다. 정성적으로 물과 같은 '가벼운Thinner' 유체는 점도가 낮아서 꿀 같은 '묵직한Thicker' 유체보다 더 잘 흐른다. 꿀 분자층이 이동하는 것은 상대적으로 마찰이 크고, 물 분자들의 이동은 상대적으로 마찰이 적다. 마찰은 유체를 이동시키는 데 필요한 힘을 의미한다.

아이작 뉴턴이 처음으로 점도에 대한 수학적 모델을 세웠다. 그는 유체를 움직이기 위한 힘 F는 표면적 A와 전단속도에 비례한다고 정의했다. 전단속도는 아래 그림에서 검은색 화살표로 표시된 유체의 속도 변화를 말한다. 따라서 전단속도는 기울기 $= \dfrac{dv}{dy}$ 가 된다. 뉴턴의 점도 법칙은,

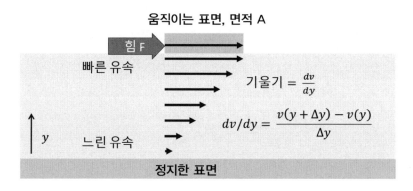

움직이는 표면, 면적 A

힘 F

빠른 유속

느린 유속

기울기 $= \dfrac{dv}{dy}$

$dv/dy = \dfrac{v(y + \Delta y) - v(y)}{\Delta y}$

y

정지한 표면

$$F = \mu A \frac{dv}{dy} \qquad (4)$$

이다. 커피와 에스프레소처럼, 이러한 관계를 따르는 유체를 뉴턴 유체Newtonian fluid라고 부른다. 이 식은 더 일반적으로 전단응력 $\frac{F}{A}$ 로 표현되고, 이는 전단속도 $\frac{dv}{dy}$ 에 비례한다. 비례 상수는 점도, μ이다.

$$\tau = \frac{F}{A} = \mu \frac{dv}{dy} \qquad (5)$$

점도는 제곱미터당 뉴턴 초의 단위($N \cdot s/m^2$)를 가지며, 이는 파스칼 초($Pa \cdot s$)와 동일하다. 점도는 또한 센티미터당 초당 g의 단위도 가질 수 있다(센티포이즈, cP로 알려져 있다). 순수한 물은 약 $0.001\,Pa \cdot s$, 즉 1cP의 점도를 가진다.

실험 9에서 논의한 것처럼, 커피 속에 든 콜로이드의 양은 유체의 점도에 영향을 미친다. 실험 9의 콜로이드는 주로 커피 입자의 콜로이드였다. 에스프레소는 용존 고형물 농도도 훨씬 높고 커피 콜로이드와 기름방울도 더 많다. 이 모든 걸 합치면 에스프레소의 점도는 일반 추출 커피의 최대 2배 이상 증가한다. 점도는 유체 분자가 흐름을 방해하는 커피와 기름 콜로이드를 따라 얼마나 쉽게 미끄러지는지 말해 준다. 따라서 점도 측정값을 사용하여 에스프레소 안에 든 콜로이드의 양을 가늠할 수 있다.

추출한 커피의 바디감 또는 식감으로부터 정성적인 점도 값을 얻을 수 있다. 이번 실험에서는 추출 점도를 정량적으로 측정할 것이다. 캐논-펜스케 점도계(175페이지의 그림 참조)라는 간단한 유리 장치를 사용할 것인데, 이 기구는 유체가 중력에 의해 유리 모세관을 통과하는 시간을 측정한다. 점도가 높은 유체는 배수에 더 오랜 시간이 걸린다. 측정 시간(초)에 점도계 관의 면적에 대한 점도계 상수(C로 표현)를 곱하여 유체의 점도를 보여 준다. (에스프레소처럼) 점도가 낮은 유체에는 크기 50짜리 캐논-펜스케 점도계를 사용할 것이다. 이 크기는 대략 1~4센티스토크Centistoke, cSt의 점도를 측정한다. 물은 약 1센티스토크이다. 점도가 높은 유체는 직경이 더 큰 모세관을 사용하여 측정 시간을 줄일 수 있다. 고가의 캐논-펜스케 점도계는 보정이 되어 있어 정확한 상수를 제공한다.

　그렇다면 '센티스토크'란 무엇일까? 이 단위가 조금 이상하게 보일지도 모르겠다. 캐논-펜스케 점도계는 종종 ν(그리스 문자 nu, 뉴)로 표기되는 '운동 점도Kinetic viscosity'를 측정한다. 이것은 시간당 면적의 단위를 가진다. 혼동이 될 수도 있지만, 우리는 지금까지 '역학적 점도Dynamic viscosity', μ(또는 절대 점도Absolute viscosity)를 사용했다. 운동 점도를 역학적 점도로 변환하기 위해서는 단순히 유체의 밀도 ρ를 곱하면 된다. 따라서,

$$\mu = \rho \times \nu \tag{6}$$

이다. 물의 밀도는 온도의 변화에 큰 영향을 받지 않는다(25℃에서 0.997g/cm³, 90℃에서 0.965g/cm³). 따라서 추출물의 밀도는 약 1g/cm³로 가정할 수 있다.

　에스프레소의 점도를 측정하여 계산하려면, 점도계에서 배출되는 데 필요한 시간 t_{drain}을 측정해야 한다. 여기에 제조사에서 제공한 점도계의 시간상수 C(일반적인 C의 값은 약 0.004cSt/s이다)를 곱한 다음, 1이라고 가정한 물의 밀도를 곱한다. 따라서 점도는,

$$\mu = \rho \times t_{drain} \times C \tag{7}$$

이다. 만약 점도계 상수가 초당 센티스토크(cSt/s)로 주어졌다면, 역학 점도는 센티포이즈 단위를 갖는다(초당 cm당 cg).

　밀도와 달리 유체의 점도는 대부분 온도에 굉장히 민감하다. 온도가 0℃에서 100℃로 높아지면 물의 점도는 6배 정도 떨어진다. 이 차이가 굉장히 크게 보일 수도 있지만, 5W-30모터 윤활유는 같은 온도 범위에서 60배 떨어진다. 여기서 중요한 점은 다른 추출물의 점도를 측정할 때 온도를 일정하게 유지해야 한다는 것이다. 따라서 측정 전에 에스프레소 샷과 추출한 커피를 실온이 될 때까지 식혀야 한다.

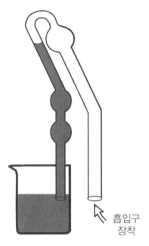
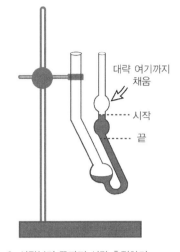

대략 여기까지
채움

시작

끝

흡입구
장착

1. 캐논–펜스케 점도계를 채움   2. 시작부터 끝까지 시간 측정하기

실험

이제 실험을 시작하자. 에스프레소 제조기가 있다면 Part A를 해 볼 수 있다. 없다면 Part A를 생략하고 좋아하는 커피숍의 에스프레소를 사서 그 일부로 TDS, pH 그리고 점도를 비교 측정하라! 크레마는 금세 사라진다.

　에스프레소 머신이 없어도, 에어로프레스로 '준–에스프레소'를 만들어 Part B를 할 수 있다. 앞에서 언급했다시피, 에어로프레스로 에스프레소 제조기의 압력을 그대로 흉내낼 수는 없다. 그러나 에어로프레스의 일반적인 사용법인 추출비 15~18을 에스프레소의 범위인 약 3으로 변경하여 준–에스프레소를 만들 수 있다. 인터넷을 찾아 보면, 에어로프레스로 시도할 수 있는 다양한 레시피가 많다.

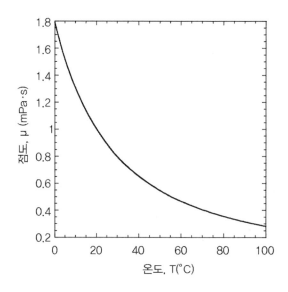

Part A - 고압 에스프레소 제조기

SCA 지침에 맞춰 실험을 해 보자. 먼저 필터 컵이 싱글인지 더블인지 확인하라. 둘 다 있다면, 싱글과 더블 필터 컵을 비교하라. L(깊이)과 A(면적)에 차이가 있는지 그 값을 측정하라. 싱글 샷은 7~9g, 더블 샷은 당연히 두 배를 사용한다. 이번 실험에서는 8~16g을 사용할 것이다.

　1) 소금 크기의 분쇄 커피를 만들기 위해 적절한 분쇄도를 설정하라. 신중하게 질량을 재고(9 또는 18g) 필터 컵(싱글 또는 더블)을 채운다. 탬핑을 하면 커피가 고르고 평평해진다. 25~35mL(약 25~35g)를 20~30초 내로 얻고자 함을 기억하라. 더블 샷을 뽑으려 한다면, 50~70mL(약 50~70g)를 동일한 시간, 20~30초에 얻고자 할 것이다.

　2) 첫 번째 시험 추출을 하라. 타이머를 설정하고 영점 조절된 저울 위에 올려 둔 컵으로 추출물을 받는다. 타이머가 내장된 정교하고 작은 저울도 있지만, 없다고 걱정할 필요는 없다. 첫 번째 시도를 3~4회 실행하라. 25초에서 추출을 멈추고 에스프레소의 질량을 측정하라.

　3) 양/질량은 싱글 샷에서 25~35g, 더블 샷에서는 50~70g이었는가? 분쇄도를 달

리하며 목표에 맞출 때까지 추가적인 샷을 뽑아 본다. 싱글 샷과 더블 샷 각각 평균 30mL 또는 60mL이 되도록 한다.

4) 조건이 적절하게 맞춰지면 세 종류의 샷, 곧 20초, 30초, 40초의 시료를 보관하라. 모든 조건을 동일하게 유지하고 에스프레소 추출을 멈추는 시간만 달리한다. 각각의 샷을 뽑은 직후, 샷 전체를 부피 실린더에 부어 질량과 크레마의 높이를 측정하라.

5) 다음으로 에스프레소를 조금 덜어서 시음하고 감각평가를 기록한다. 어느 것의 맛이 더 좋았고 그 이유는 무엇인가?

6) 다른 조건들은 일정하게 유지하면서 추출 시간이 다른 세 가지 시료로 동일한 실험을 반복하라. 이 시료들로 pH, TDS, 점도를 정량적으로 측정할 것이다.

7) 샷을 실온까지 식힌 후, 캐논-펜스케 점도계로 각 시료의 점도를 측정하라. 흡입 풍선을 사용해 유리에 있는 에스프레소를 빼내고, (상단에 있는) 두 번째 구로 지나가게 하라. 흡입을 풀어 주고, 중력에 의해 하단에 있는 첫 번째 구로 배출되는 시간을 기록하라.

 대부분의 전자 굴절계는 에스프레소가 아닌 일반 커피에 영점이 맞춰져 있다. 이것은 너무 강한 에스프레소를 굴절계에 넣으면, 잘못된 결과를 낼 수 있다는 말이다. 측정하기 전에 물을 넣어 희석하면 이 문제를 해결할 수 있다. 예를 들어 2배로 희석하고(10g의 에스프레소에 10g의 물을 추가) 희석한 용액의 TDS를 측정한 다음, 측정한 TDS에 2를 곱해 원래 에스프레소의 TDS를 구할 수 있다.

Part B - 에어로프레스를 이용한 준 - 에스프레소

이제 에어로프레스를 이용해 에스프레소를 만드는 일반적인 레시피/방법에 초점을 맞출 것이다. 가능하다면, 6번을 추출하는 동안 동일한 원두를 사용하라.

1) 우선 추출비 3, 4, 5를 비교할 것이다. 세 번 추출하는 동안 동일한 커피와 고운 분

쇄도를 사용하라. 분쇄한 커피의 입자는 식용 소금보다 조금 더 커야 한다. 분쇄도를 조절하고 커피 60g을 간다. 각각의 추출에 20g의 커피를 사용할 것이다. 추출비는 물의 양을 60g에서 80g 그리고 100g으로 늘리며 변경할 것이다.

2) 한 번에 하나씩 추출을 수행하라. 이들 세 가지 추출비에 모두 금속 거름망을 사용하고 추출 조건도 동일하게 유지한다. 91~94℃의 물을 붓고 10초간 저어 준 다음, 60초 동안 누른다. 각각의 추출물을 관찰하고 감각평가를 한다. 점도 측정을 위해 각각의 추출물 약 20mL를 보관한다.

3) TDS와 pH를 측정하고 추출물의 맛을 보라. 감각적 인상은 어떠한가? 바디감/촉감의 차이가 감지되는가? 에어로프레소로 만들어진 크레마가 있었는가? 어떤 준-에스프레소가 제일 좋았고 이유는 무엇인가?

4) 에스프레소 머신을 사용할 수 없다면, 최적의 추출 품질을 갖는 준-에스프레소를 얻기 위해 세 번을 더 추출하라. 분쇄도 또는 가하는 압력 또는 추출 시간을 조절해 보라. 추출비, 젓는 시간, 추출 시간을 기록하라. 시음하고 TDS를 측정하기 전에 점도를 측정할 시료를 보관한다.

5) 시료의 온도가 실온으로 식으면, 캐논-펜스케 점도계로 점도를 측정하라.

Part C - 로스팅

마지막으로 다음 시간에 사용할 원두를 두 가지 이상 로스팅하라. 에너지 사용량을 계속 추적하라! 남은 실험에서는 디자인 콘테스트에 집중할 것이기에, 로스팅의 최적화가 아주 중요해질 것이다. 선호하는 생두에 적용 가능한 로스팅 프로필을 찾았는가?

에스프레소 실험 결과

커피 종류: _____

점도계 시간 상수: $C =$ _____ cSt/s

(이 값은 점도계에 따라 보정 시트가 제공되어 있을 것이다.)

짧은 시간 추출

압력을 가한 총 시간: _____ 초

추출한 커피의 질량: _____ − _____ = _____ g (가득 찬 컵 − 빈 컵)

유속: _____ cm^3 ÷ _____ 초 = _____ cm^3/s

TDS: _____ %   PE: _____ × _____ ÷ _____ = _____ %

감각평가: _____

_____

점도계 배출 시간: _____ 초

점도: 1g/cm^3 × _____ cSt/s × _____ 초 = _____ cP

중간 시간 추출

압력을 가한 총 시간: _____ 초

추출한 커피의 질량: _____ − _____ = _____ g (가득 찬 컵 − 빈 컵)

유속: _____ cm^3 ÷ _____ 초 = _____ cm^3/s

TDS: _____ %   PE: _____ × _____ ÷ _____ = _____ %

감각평가: _____

_____

점도계 배출 시간: _____ 초

점도: 1g/cm^3 × _____ cSt/s × _____ 초 = _____ cP

긴 시간 추출

압력을 가한 총 시간: _____ 초

추출한 커피의 질량: _____ − _____ = _____ g (가득 찬 컵 − 빈 컵)

유속: _____ cm^3 ÷ _____ 초 = _____ cm^3/s

TDS: _____ %   PE: _____ × _____ ÷ _____ = _____ %

감각평가: _____

_____

점도계 배출 시간: _____ 초

점도: 1g/cm^3 × _____ cSt/s × _____ 초 = _____ cP

준–에스프레소 실험 결과

커피 종류: _____

점도계 시간 상수: $C =$ _____ cSt/s

(이 값은 점도계에 따라 보정 시트가 제공되어 있을 것이다.)

추출비 = 3

압력을 가한 총 시간: _____ 초

추출한 커피의 질량: _____ − _____ = _____ g (가득 찬 컵 − 빈 컵)

유속: _____ cm^3 ÷ _____ 초 = _____ cm^3/s

TDS: _____ %   PE: _____ × _____ ÷ _____ = _____ %

감각평가: _____

_____

점도계 배출 시간: _____ 초

점도: 1g/cm^3 × _____ cSt/s × _____ 초 = _____ cP

추출비 = 4

압력을 가한 총 시간: _____ 초

추출한 커피의 질량: _____ − _____ = _____ g (가득 찬 컵 − 빈 컵)

유속: _____ cm^3 ÷ _____ 초 = _____ cm^3/s

TDS: _____ %   PE: _____ × _____ ÷ _____ = _____ %

감각평가: _____

_____

점도계 배출 시간: _____ 초

점도: 1g/cm^3 × _____ cSt/s × _____ 초 = _____ cP

추출비 = 5

압력을 가한 총 시간: _____ 초

추출한 커피의 질량: _____ − _____ = _____ g (가득 찬 컵 − 빈 컵)

유속: _____ cm^3 ÷ _____ 초 = _____ cm^3/s

TDS: _____ %   PE: _____ × _____ ÷ _____ = _____ %

감각평가: _____

_____

점도계 배출 시간: _____ 초

점도: 1g/cm^3 × _____ cSt/s × _____ 초 = _____ cP

에어로프레스로 내린 준-에스프레소 실험 결과(에스프레소 머신이 없는 경우)

커피 종류: _____

점도계 시간 상수: $C = $ _____cSt/s

(이 값은 점도계에 따라 보정 시트가 제공되어 있을 것이다.)

시도 1 물의 질량: _____ g   분쇄 커피의 질량: _____ g   추출비: _____

압력을 가한 총 시간: _____ 초

추출한 커피의 질량: _____ - _____ = _____ g (가득 찬 컵 - 빈 컵)

유속: _____ cm^3 ÷ _____ 초 = _____ cm^3/s

TDS: _____ %   PE: _____ × _____ ÷ _____ = _____ %

감각평가: _____

_____

점도계 배출 시간: _____ 초

점도: 1g/cm^3 × _____ cSt/s × _____ 초 = _____ cP

시도 2 물의 질량: _____ g   분쇄 커피의 질량: _____ g   추출비: _____

압력을 가한 총 시간: _____ 초

추출한 커피의 질량: _____ - _____ = _____ g (가득 찬 컵 - 빈 컵)

유속: _____ cm^3 ÷ _____ 초 = _____ cm^3/s

TDS: _____ %   PE: _____ × _____ ÷ _____ = _____ %

감각평가: _____

_____

점도계 배출 시간: _____ 초

점도: 1g/cm^3 × _____ cSt/s × _____ 초 = _____ cP

시도 3 물의 질량: _____ g 분쇄 커피의 질량: _____ g 추출비: _____

압력을 가한 총 시간: _____ 초

추출한 커피의 질량: _____ - _____ = _____ g (가득 찬 컵 - 빈 컵)

유속: _____ cm^3 ÷ _____ 초 = _____ cm^3/s

TDS: _____ %   PE: _____ × _____ ÷ _____ = _____ %

감각평가: _____

_____

점도계 배출 시간: _____ 초

점도: 1g/cm^3 × _____ cSt/s × _____ 초 = _____ cP

로스팅 결과

커피 종류: _____ 　 로스터 세팅: _____

생두의 질량: _____ g 　 로스팅 후 질량: _____ g

로스팅 소요 시간: _____ 분 　 에너지 사용량: _____ kW−hr

기록: _____

_____

_____

_____

_____

_____

_____

_____

_____

_____

커피 종류: _____ 　 로스터 세팅: _____

생두의 질량: _____ g 　 로스팅 후 질량: _____ g

로스팅 시간: _____ 분 　 에너지 사용량: _____ kW−hr

기록: _____

_____

_____

_____

_____

_____

_____

_____

_____

설험 보고서

각 조는 다음 자료와 함께 보고서를 제출해야 한다.

1) Part A의 결과로 점도(cP)와 샷 추출 시간(초, s)을 비교하는 산점도를 만들라. 점도는 시간에 따라 증가했는가 아니면 감소했는가?

2) Part B의 결과로 점도(cP)와 세 가지 추출비를 비교하는 산점도를 만들라. 균일한 분쇄도로 처음에 추출한 세 가지 시료와 다른 분쇄도로 추출한 세 가지 시료를 구별되는 색으로 표시하라. 점도는 추출비에 따라 증가했는가 아니면 감소했는가? (혹시 분쇄도를 달리하여 추가적인 실험을 했다면) 그 외 어떤 경향이 관찰되었는가?

3) Part A와 B에서 측정한 점도와 TDS의 산점도를 그려라. 에스프레소 머신과 에어로프레스의 결과를 다른 색으로 표시하라. TDS와 점도 사이에 단순한 상관관계가 있는가?

4) 아래 질문에 간단하게 답하라.

   ⅰ) 샷 추출 시간에 따라 입안의 촉감은 어떻게 변하였는가? 정량적인 측정과 정성적인 경향에 일관성이 있는가? 마찬가지로 에어로프레스의 추출비에 따라 입안의 촉감은 어떻게 달라졌는가?

   ⅱ) 만일 추출 시간을 더 늘린다면(60초 정도), 에스프레소의 점도는 어떻게 달라질까?

   ⅲ) 에스프레소 머신과 에어로프레소의 점도와 TDS는 어떻게 다른가?

   ⅳ) TDS와 점도 사이에 어떤 관계가 관찰되는가? 굴절계는 용존 고형물만 측정할 뿐, 콜로이드는 측정하지 못한다. 측정 결과는 용존 고형물과 콜로이드가 전반적인 점도와 식감에 미치는 영향에 대해 무엇을 보여 주는가?

   ⅴ) 에어로프레스는 약 3만 원인 반면, 최고급 가정용 에스프레소 머신은 100만 원이 넘는다. 감각적 관찰과 측정 결과에 근거하여 가정용 에스프레소 머신은 가격만큼의 가치가 있는가?

만약 에스프레소 샷(커피 약 8g을 9~10기압으로 추출한 약 30mL)을 '뽑을' 기회가 있었다면, 이탈리아어로 '노말레Normale' 에스프레소라고 알려진 보통Normal 에스프레소를 만든 것이다. '룽고Lungo' 또는 긴Long 에스프레소는 커피의 양은 동일하지만, 물의 양이 두 배이다. 룽고는 향의 강렬함은 덜하지만(순하다), 물을 더하여 큰 분자들을 더 많이 추출함으로 볶은 향과 훈연향을 증가시킨 것이다. 반대로 '리스트레토Ristretto' 또는 절제된Restricted 에스프레소는 커피 양은 같지만, 물의 양이 (노말레의) 절반이다. 리스트레토는 매우 강렬한 풍미를 가지고 있다. 물이 적어서 큰 분자를 덜 추출함으로 과실향과 신향을 강화시킨다. 더블 에스프레소는 노말레와 비율은 같지만 물과 커피 양이 두 배이며, '두피오Doppio'라고 부른다. 이것은 빠르게 두 배의 카페인을 얻는 방법이다!

에스프레소는 커피와 물뿐이지만, 재료를 추가해 다양한 에스프레소 음료를 만들 수 있다. 이탈리아에서는 '카페 꼬레또Caffe corretto', 즉 '수정한 에스프레소Corrected espresso'가 있는데, 이는 약간의 술을 에스프레소 샷에 추가한 것이다(그래서 '수정한'인 것이다). 보통 '그라파Grappa'라는 술이 사용되는데, 이는 와인을 만들고 남은 포도 찌꺼기를 압착해 만든 브랜디(과일주를 증류해 숙성한 것)이다. 이탈리아에는 그라파 한 병을 쥐여 주고 마음대로 에스프레소를 수정하게 하는 카페도 있다! 또 바닐라 아이스크림 위에 에스프레소 샷을 부어 만든 '아포가토Affogato'도 있다. 중요한 것은 아포가토나 까페 꼬레또 모두 아침에는 먹지 않는다는 것이다!

물론 에스프레소에 추가하는 가장 유명한 재료는 데운 우유다. 이는 카페라테, 카푸치노, 플랫 화이트, 마키아토, 코르타도Cortado 같은 인기 있는 에스프레소 음료의 특징이다. 이 음료들은 에스프레소와 데운 우유 그리고/또는 우유 거품을 다양한 비율로 혼합한 것이다. 요즘에는 카푸치노에 콩, 쌀, 아몬드, 캐슈너트, 오트, 햄프, 코코넛 등 다양한 종류의 우유가 들어가기도 한다. 이 중에는 스티밍Steaming 중 '거품Froth' 생성 능력이 높고 멋진 거품이 많이 나도록 제조된 '바리스타' 특제 조합도 있다. 에스프레소와 데운 우유만 사용한다 해도, 무지방, 1%, 2%, 또는 일반 우유(전유Whole fat 3.5% 정도) 중 하나를 선택해야만 한다. 심지어 카페 브류브Caffe breve라고 부르는 에스프레소 음료는 풍부한 거품을 내기 위해 데운 하프-앤-하프(우유 반에 생크림 반을 섞은 것)를 사용한다.

추출비나 우유의 종류와 상관없이 이 음료들의 공통점은 우유를 데웠다는 것이다. 데운 우유 뒤에는 어떤 이야기가 숨겨져 있을까? 에스프레소 머신은 단순히 물을 가열하고 압력을 가하여 추출하는 것이 아니다. '스팀완드Steam wand'로 2기압(또는 1bar 계기압)의 포화된 증기(가열된 수증기)를 내뿜으며 금속 피처Pitcher에 든 우유에 증기를 주입해 '데우거나' '거품을 낸다.' 이것은 우유를 약 4℃(냉장고 온도)에서 65℃까지 가열하고 작은 공기 방울을 일으켜 거품을 낸다(이 과정을 '에어레이션Airlation'이라고 한다). 왜 금속 피처를 사용하는가? 이는 바리스타가 피처를 만져 온도를 느낄 수 있기 때문이다. 우유 피처 안에 스팀완드가 깊이 잠겨 있으면, 증기가 많은 양의 열에너지를 우유에 전달한다. 2기압에서 포화된 증기의 온도는 120℃이다. 이 증기가 열에너지를 전

달하는데, 뜨거워서가 아니라 그것이 우유 속에서 응축되기 때문이다. 증기가 액체인 물로 응축되면서 수증기에서 차가운 우유로 실제 증기 온도 에너지보다 4배나 큰 에너지가 전달되는 것이다. 그래서 데우기 전후 우유의 질량을 재면, 사용한 증기의 양만큼 증가되어 있는 것을 확인할 수 있다. 포화 증기의 밀도는 약 0.0013g/cm³이다. 별로 커 보이지도 않고 액체인 물의 약 1/750 이지만, 상용 에스프레소 제조기의 완드에

서 나오는 증기의 질량 유속은 약 1.75g/s로 꽤 많은 양이다. 따라서 우유 200g를 데우는 데 15초 정도 걸리고 피처의 질량은 거의 15% 증가한다.

데운 우유에 대해 어느 정도 이해했으니 이제 거품 내기에 주의를 기울여 보자. 바리스타가 라테를 만드는 경우 많은 거품이 필요하지 않기 때문에 주로 우유 중간에 완드를 담가 가열하다가, 거의 끝나갈 때쯤 표면 근처로 이동시켜 에어레이션(우유에 거품을 내기 위해 공기와 증기를 추가하거나 우유를 데우기 위해 주로 증기를 추가하는 것)할 것이다. 카푸치노를 만들기 위해서는 더 많은 거품이 필요하다. 따라서 바리스타들은 완드를 우유 표면 바로 밑에 넣고 에어레이션해 멋진 거품층을 쌓을 것이다. 스팀완드가 표면에 있으면, 증기가 흐르며 많은 공기를 우유 속에 밀어 넣는다. 일반적으로 카푸치노에 탄탄한 기포를 일으키면 우유의 부피(질량이 아님)가 두 배가 된다! 완드가 표면에 너무 가깝다면, 미세 기포 대신에 큰 기포가 만들어진다. 반면 완드가 표면에서 멀어지면, 기포는 적고 우유가 데워지던지 (라테에는 좋지만, 카푸치노에는 좋지 않은) 탄탄한 거품이 만들어진다. 물론 멋진 거품이 만들어지면, 바리스타는 완드를 담가 65℃가 될 때까지 더 가열할 수 있다. 바리스타들은 왜 우유나 거품을 따라내기 전에 피처를 탕탕 치는 것일까? 큰 기포들이 있는 경우, 피처를 탕탕 쳐서 미세 기포는 그대로 두고 큰 기포만 터뜨릴 수 있다.

우유는 어떤 종류가 가장 좋은가? 일단 열을 가하면 우유 속 단백질은 '변성'된다(밀집된 구조가 풀림). 변성 단백질은 기포-액체 우유 계면界面으로 가서 미세 기포의 안정을 돕는다. 우유는 약 3.3%의 단백질을 가지고 있다. 믿어지지 않겠지만 여름철 우유는 일반적으로 겨울철보다 단백질 함량이 낮은데, 이는 소의 먹이가 조금 다르기 때문이다. 우유 지방의 역할은 무엇인가? 무지방우유, 1%, 2%, 그리고 일반 우유(전유)의 차이는 우유 속 지방의 양이다. 지방의 양에 따라 거품의 질감과 크리미함 그리고 맛이 달라진다. 전유(~3.5% 유지방)의 거품은 사실 공기, 단백질, 그리고 지방으로 이루어진 에멀전이다. 지방은 거품을 밀도 있고 부드럽게 만들지만, 거품의 안정성을 약간 감소시킨다. 반면에 무지방 우유의 거품은 유지방의 부재로 인해 단단하고 '건조'하다. 무지방 우유이든 일반 우유이든, 신선한 우유가 거품을 내는 데는 가장 좋다. 우유는 보관하는 동안, 안에 든 다양한 효소들이 단백질과 지방을 분해하면서 거품 내는 능력을 떨어뜨린다.

궁극적으로 우유의 선택은 개인의 선호도의 문제이다. 일반적인 우유와 그 외 식물 기반 대체유는 모두 단백질이 포함되어 있어 데우거나 거품을 낼 수 있기 때문에 맛있는 에스프레소 음료를 만드는 데 사용할 수 있다! 그러나 거품의 양과 질은 식물성 '우유'를 만드는 데 사용한 곡물이나 견과류의 조성 및 혼합물 속 첨가제에 따라 달라진다. 만약 스팀완드가 있는 에스프레소 머신을 사용할 수 있다면, 다양한 우유를 준비하여 실험해 보라!

Part 3

커피 디자인하기

디자인 콘테스트 방식, 가이드라인, 비디오 프로젝트

앞서 실시한 10개의 실험은 커피의 품질과 관련된 다양한 과학적 원리를 이해할 수 있도록 '분석'에 초점을 맞추었다. 이제는 특정 기준을 만족시키는 커피를 '공학적으로 디자인'하는 것에 관심을 기울여 보자. 이번 장에서는 U.C. 데이비스에서 유명한 커피 디자인 콘테스트와 비디오 프로젝트 방법을 설명한다. 행사에 직접 참여하려는 경우, (원치 않는 한)영상으로 과정을 남기는 것에 대해 걱정할 필요는 없다. 그러나 설계 목표를 신중히 생각하는 것이 좋은데, 그것이 정량적으로 생각하여 공정, 곧 적용 가능한 기술(예, 최소의 비용으로 가장 맛이 좋은 커피 만들기)을 설계하는 데 도움이 되기 때문이다.

여기서 커피 디자인 프로젝트의 주요 목표는 최소의 에너지로 최고의 커피 한 잔을 만드는 것이다. 각 팀은 다음의 비에 따라 점수를 받게 된다.

$$최종 점수 = \frac{블라인드\ 테이스팅\ 점수}{사용한\ 최종\ 에너지}$$

이 기준이 의미하는 바를 주의 깊게 살펴보자. 가장 맛이 좋은 커피를 만들어도 너무 많은 에너지를 사용하면, 경쟁에서 질 수도 있다!

참가자가 많은 경우, 두 라운드로 나눠서 진행한다. 첫 번째 라운드('예선전')에서 각 조는 자기 섹션 내에서 경쟁한다. 각 섹션에서 최종 점수가 가장 높은 조가 두 번째 라운드('결승전')에 진출하여 그랜드 챔피언 타이틀을 차지한다. 최종 점수에 들어가는 항목은 다음과 같다.

- 제조한 커피는 블라인드 테이스팅하여 - 5점에서 +55점까지 평가한다(-5 점은 맛이 좋지 않은 커피, +55점은 맛이 탁월한 커피이다). 점수 분배는 스페셜티 커피협회(실험 1 참조)에서 정한 공식 테이스팅 가이드라인을 기반으로 각 커피의 모든 블라인드 테이스팅 점수의 평균을 낸다.

- 각 조는 반드시 커피를 로스팅하고 추출하는 모든 과정에서 발생한 전력량(kW-hr)을 기록해야 한다. 로스팅에 소요한 에너지는 로스팅한 원두의 양으로 '표준화' 할 것이다. 즉 많이 로스팅해도 된다는 의미이다. 조별로 사용한 원두당 에너지만 '집계' 하면 된다.

- 그러나 추출 에너지는 표준화하지 않는다. 물을 지나치게 많이 데운 경우 전부 책임져야 한다! 무엇이든 플러그에 꽂으면 반드시 소비전력측정기를 사용하여 추적 관찰함으로 최종 집계에 포함시켜야 한다. 보통 추출기나 전기주전자와 로스터가 여기에 포함된다. 실험 5에서 살펴본 것처럼 분쇄기의 에너지는 무시할 수 있으므로 여기에서는 특별히 추적하지 않는다.

맛 점수 또는 에너지당 맛 점수에서 3위 안에 든 조는 약간의 보너스 포인트를 받지만, 에너지당 맛 측면에서 우승한 사람만 챔피언십 라운드에 진출한다. 챔피언십 라운드에서는 에너지당 맛 점수가 가장 높은 조가 대상과 함께 추가 보너스 포인트를 받게 된다. 챔피언십 라운드가 있는 경우, 전체 챔피언십에서 3위 안에 들면 두 배의 보너스 포인트를 받을 수 있다.

설계 제한 조건은 다음과 같다.

1) **재료:** 사용 가능한 재료는 원두와 물뿐이다. 시럽, 감미료, 향신료 등 인공적인 맛을 내는 재료는 배제한다.

2) **최소량:** 예선전에서는 30명이 각각 30mL의 커피를 맛볼 수 있을 만큼 충분한 양을 준비해야 한다.

3) **에너지 페널티:** 최소량의 커피를 제공하지 못한 경우, 부족한 커피 1g당 0.005kW-hr의 에너지 페널티가 부과된다.

4) **제한시간:** 콘테스트 당일에는 약 1L의 커피를 추출하는 데 45분의 시간이 주어진 다. 너무 일찍 추출하면 신선도가 떨어지고, 너무 늦게 추출하면 실격될 수 있다.

5) **장비:** 실험실의 모든 장비를 자유롭게 사용하여 커피를 로스팅하고 추출할 수 있다.

6) **차가운 물:** 추출 시작점에는 뜨거운 수돗물을 사용할 수 없다. 오직 차가운 수돗 물만 사용해야 한다. 시작 전에 주전자는 반드시 비어 있고 차가운 상태여야 한다.

7) **화기 사용 금지:** 실험실에서는 어떠한 불도 사용할 수 없으므로, 휴대용 버너나 스토브 사용을 금한다.

8) **음의 무한대:** 영리한 학생들은 전기에너지를 전혀 사용하지 않으면, 최종 점수가 무한대가 된다는 점을 알아차렸을 것이다(맛 점수를 0으로 나눈 값이 무한대이기 때 문이다). 제로(0) 전기에너지의 예시 중 한 가지는 차가운 물을 원두에 붓는 것이다. 이것은 에너지 측면에서 영리한 방법이기는 하지만, 맛 점수가 부정적일 수 있다 는 사실을 명심하라('균형감'). 따라서 이러한 낮은 에너지 공정은 음의 무한대 점 수를 얻을 수 있으므로 최종 점수가 꼴등이 될 수 있다.

9) **창의성:** 무엇보다도 우수한 엔지니어는 새로운 방식으로 생각함을 명심하라. 새 롭고 창의적인 설계를 장려한다!

최종 설계 프로젝트 영상

다음 세 번의 실험에서 각 조는 최종 설계를 소개하는 영상을 제작하게 된다. 영상은 5분 이내에 다음 요소들을 포함하고 있어야 한다.

1) 고유한 공정을 보여 주는 공정 흐름도. 다른 사람이 영상을 보고 따라 할 수 있을 만큼 상세해야 한다.

2) 물과 고체(커피)의 전반적인 물질 수지가 공정 흐름도에 나타나야 한다. 폐기물 흐름도 모두 포함되어 있어야 한다!

3) 로스팅 종류. 어떤 생두를 사용했고 어떻게 로스팅하였는가?

4) 에너지 사용량. 에너지 비용을 최소화하기 위해 어떤 논리에 따랐는지 명확하게 설명해야 한다.

5) 설계에 따라 최종적으로 추출한 커피 혹은 콘테스트용 추출물의 TDS 및 PE 값은 얼마나 이상적인 범위에 가까운가?

6) 최종 추출물에 대하여 블라인드 테이스팅에 참여한 사람들과 조원들의 대략적인 감각평가.

7) 집에서 이 설계를 따라 하는 경우, 즉 직접 생두를 로스팅하여 매일 0.5L를 추출하는 경우의 경제적 비용-이익 분석. 지역 카페에서 매일 비슷한 음료를 구입하는 것과 비교한 손익분기점이 나타나야 한다.

8) 커피 맛을 개선하거나 에너지 사용을 최소화하기 위해 (가상의) 미래 디자인 콘테스트에서 다르게 적용할 수 있는 사항 간단하게 정리하기.

영상에는 전달하려는 정보를 시청자가 이해하는 데 도움이 되는 음성 내레이션 또는 자막이 포함되어야 한다. 실험실에서 로스팅하고 추출하는 동안 찍은 사진과 영상 사용을 권장하지만 필수사항은 아니다. 우수한 영상 중에는 이 수업의 촬영본이 아닌 것도 있다! 창의력을 발휘할 것을 강력히 권장한다.

필요한 자료가 포함되어 있다면, 원하는 소프트웨어를 자유롭게 사용할 수 있다. 무료 동영상 편집 소프트웨어를 쉽게 다운로드할 수도 있다. 파워포인트, 포토샵 또는 기타 프로그램을 사용하여 링크를 만든 다음 영상을 추가할 수도 있다. 조원 전체가 영상 제작을 도와야 하지만, 등장할 필요는 없다. 영상 시작 화면에 이름, 조 이름 및 날짜가 들어가야 한다. 동영상을 유튜브 링크(공개 또는 비공개)로 제출할 수 있다.

설계가 아직 완벽하지 못한 것에 대해 걱정하지 마라. 다음 실험은 로스팅과 추출을 훈련하기 위한 것이다.

실험 11 – 첫 번째 설계 실험: 강도 및 추출 최적화하기

■ 목표

이 실험의 주요 목표는 각 조의 추출 강도와 추출을 최적화하는 데 중점을 두고 공정을 설계하는 것이다.

■ 실험

☐ 추출기　☐ 가정용 로스터　☐ 전자 굴절계　☐ 소비전력측정기

■ 활동

☐ 완전히 정량화하여 최소 세 번 추출하기(TDS, PE, 에너지)

☐ 에너지를 측정하며 최소 두 번 로스팅하기

■ 보고서

☐ 세 번 추출한 커피의 데이터

☐ 완성된 에너지 점수표

☐ 추출한 커피의 예측 PE와 측정 PE 비교

☐ 감각평가와 다음 설계를 위한 전략 논의

배경

앞서 여덟 개 실험에서 몇 가지 기본 원칙(예, 질량보존, 플럭스 또는 압력)에 대한 이해에 기초하여 일부 조건을 변화시키면 어떤 일이 벌어지는지 확인하였다. 즉 추출 방법이 커피 품질에 어떤 영향을 미치는지 분석했다. 이제 초점을 바꾸어 분석을 통해 얻은 지식을 사용하여 설계 목표를 만족시키는 공정을 만들어 볼 것이다.

　우리는 최소한의 에너지를 사용하여 가장 맛이 좋은 커피를 만들고자 한다. 실험 6에서 논의한 바와 같이, 수많은 감각평가 실험은 사람들이 상당히 좁은 범위의 강도(약 1~1.5%의 TDS)와 추출비의 커피 맛을 선호한다는 것을 보여 주었다(PE는 약 14~26%이지만 선호하는 PE와 TDS 범위는 사람마다 다르다). 다양한 강도와 추출비로 내린 커피의 감각평가를 보여 주는 커피 추출 제어 도표를 참조하라. 커피가 너무 쓰다면 아마 과다추출(PE > 22%)한 것이고, 신맛이나 풋내가 난다면 과소추출되었을 가능성이 있다(PE < 18%). 추출한 커피의 감각적 특성은 TDS가 증가할수록 증폭되는 경향이 있다. 하지만 일부 중요한 특성들은 TDS 값이 낮을 때 강도가 증가한다. 예를 들어 단맛과 차맛/꽃향은 TDS는 낮고 각각 추출 수율(PE)이 낮을 때와 높을 때 최대화된다. 기초 과학에 대한 자세한 내용은 더 읽을거리(Frost 외 2020 및 Batali 외 2020)의 논문을 참

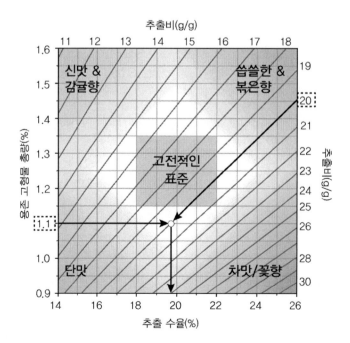

고하라.

지금까지 우리는 커피를 만든 다음, TDS와 PE 값을 측정하였다. 그러나 실험을 수행하기 전에 이들 값을 예측하려면, 즉 이상적인 TDS와 PE 범위 내에서 커피를 생산하는 공정을 설계하려면 어떻게 해야 할까? 이 문제를 해결하기 위해 몇 가지 분석 데이터를 추출 결과를 편리하게 예측할 수 있는 형식으로 통합할 것이다.

커피 고형물에 대한 물질 수지로 PE(실험 6의 식 (7))를 나타낼 수 있다는 것을 상기하라.

$$PE = TDS \times \frac{m_{brew}}{m_{dry\,grounds}} \tag{1}$$

또한 물에 대한 물질 수지로 추출물의 실제 질량을 예측할 수 있음을 상기하라(실험 3의 식 (5)).

$$m_{brew} = m_{feed} - (R_{abs} \times m_{dry\,grounds}) \tag{2}$$

여기서 m_{brew} 를 PE 비율로 치환하여 나타내면

$$PE = TDS \times (R_{brew} - R_{abs}) \tag{3}$$

이다. 여기서 R_{brew} 는 추출비로, 뜨거운 물의 질량을 분쇄 커피의 질량으로 나눈 것이다. 즉 $R_{brew} = m_{feed}/m_{dry\,grounds}$ 이다. 식 (3)은 설계상 대단히 중요한 의미가 있다. 만약 특정 PE 값을 얻고 싶다면, 추출비와 TDS 수치를 독립적으로 선택할 수 없다. 제어 도표에 강조되어 있는 부분을 보자. 여기서 추출비가 20이면, TDS 값은 1.10%이 된다. 해당 TDS 값의 수평선과 (추출비) 대각선이 교차하는 지점에서 가능한 PE 값은 수직 방향에 표시되어 있는 것처럼 19.6%뿐이다.

다시 말해 추출비를 정하면, 원하는 PE 값에 맞는 TDS 값도 단 하나뿐이라는 것이다. 제어 도표에 중첩되어 있는 대각선들은 이러한 개념을 담고 있는 것으로 특정 추

출비에 맞는 TDS와 PE 값을 보여 준다. 그림과 같이 고전적인 표준 영역 내에서 추출할 수 있는 추출비의 범위는 좁다.

그러나 추출비를 선택한다면, TDS는 어떻게 정하게 될까? 다시 말하지만, 이전 실험 가운데 공학적 분석을 통해 얻은 이해는 공정을 설계하는 데 도움이 될 것이다. TDS(따라서 PE) 값이 너무 작아서 추출이 완전하지 않았다면, 추출 중에 물질전달이 충분하지 않았을 것이다. 분쇄도가 고르지 않았거나 추출 시간이 너무 짧았거나 물의 온도가 낮은 것이 원인이었을 수 있다. 마찬가지로 TDS나 PE 값이 너무 커서 추출물이 쓰다면, 추출하는 동안 과도하게 물질전달이 일어난 것이다(너무 고운 분쇄도, 너무 긴 추출 시간, 너무 높은 물의 온도). 설계한 것을 시험해 보면서 무작정 시도하지 않도록 한다. 추출한 커피의 맛을 개선하려면 식 (3)뿐만 아니라 물질전달에 대해 얻은 지식과 이해를 사용하라.

중요한 질문: 추출할 때 추출 제어 도표의 고전적인 표준 영역에 들어가려고 노력해야 할까? 이에 대한 답은 그렇지는 않다는 것이다. 수년간 커피업계 전문가들은 해당 영역 내에서 커피를 추출하는 것이 중요하다고 배웠지만, 최근 실시된 소비자 선호도 테스트는 사람들이 실제로 좋아하는 커피가 다양하다는 것을 보여 준다. 특히 코터Cotter 등은 블랙커피를 마시는 사람들을 두 개의 집단으로 나눌 수 있음을 보여 주었다. 도표의 왼쪽 하단('단맛')에 대한 선호도가 높은 사람들이 있는 반면, 왼쪽 상단('신맛&상큼')이나 오른쪽('쓴맛 & 볶은 맛'과 '차맛 & 꽃향' 사이)을 선호하는 이들도 있었다. 이것은 다음 단원에서 자세히 살펴볼 것이다.

물론 로스팅하는 동안 발생하는 화학반응의 질에 따라 추출한 커피의 질도 달라진다는 것을 잊으면 안 된다. 만약 생두를 과하게 또는 약하게 로스팅했다면, 선호하지 않는 맛의 커피가 될 것이기에 추출을 얼마나 잘했는지는 중요하지 않다. **1.3%의 TDS 및 20%의 PE의 '고전적인 표준' 범위는 매우 강하게 로스팅한 원두(또는 검은 숯)에서 추출할 수 있지만, 맛이 좋지는 않을 것이다!** 또한 커피 생두는 생물학적 산물로 종류와 품목마다 다르다는 것을 기억하라. 이 원두에 효과가 있었다고 다른 종류의 원두에도 효과가 있는 것은 아니다. 예를 들어 생두는 재배 방법에 따라 포도당의 농도가 다를 수도 있고, 저장 기간에 따라 분해도가 달라질 수 있다. 커피는 변화하는 산물이다! 즉 특정 생두 배치Batch의 실험 경과에 따라 목표, 곧 설계를 수정할 필요가 있다.

추출한 커피의 품질은 맛에 대한 감각평가에 기초해야 한다.

첫 번째 설계 실험하기

이전과 다르게 수정 및 조정이 가능한 실험을 해 볼 것이다. 조원들과 함께 최고의 맛을 내는 커피를 로스팅하고 추출해내는 독창적인 공정을 구성하고 시험해 보라. 실험실에 있는 장비는 무엇이든 사용 가능하며, 시간도 원하는 대로 쓸 수 있다. 그러나 다음 질문에 대해 깊이 생각해 보길 바란다.

1) 추출한 커피의 TDS와 PE는 얼마인가? 수치들은 고전적인 영역에 가까운가? 감각평가는 추출 제어 도표상의 맛 표현과 일치하는가?

2) 최적의 로스팅 절차는 무엇인가? 이상적인 로스팅을 위해 적어도 두세 차례 로스팅을 수행하도록 한다.

3) 공정의 각 단계에서 얼마의 에너지가 소요되었는가? 공정의 에너지 사용량은 효율적인가 아니면 과도한가? 반드시 디자인 콘테스트에서 사용할 샘플(커피)의 데이터로 '에너지 점수표'를 완성하도록 한다.

첫 번째 설계 실험 데이터

커피 종류: _____

로스팅 방법: _____ 로스팅 날짜: _____

생두의 질량: _____ g   로스팅한 원두의 질량: _____ g

로스팅 소요 시간: _____ 분   에너지 사용량: _____ kW−hr

추출 방법: _____   거름 방법: _____

뜨거운 물의 질량: _____ g   분쇄 커피의 질량: _____ g   추출비: _____

물의 온도: _____ ℃   에너지 사용량: _____ kW−hr

추출 시간: _____ 분   입자 크기: _____

추출한 커피의 질량: _____ − _____ = _____ g (가득 찬 컵−빈 컵)

TDS: _____ %   PE: _____ × _____ ÷ _____ = _____ %

그 외의 결과:

_____

_____

_____

_____

_____

감각평가:

_____

_____

_____

_____

_____

첫 번째 설계 실험 데이터

커피 종류: _____

로스팅 방법: _____   로스팅 날짜: _____

생두의 질량: _____ g   로스팅한 원두의 질량: _____ g

로스팅 소요 시간: _____ 분   에너지 사용량: _____ kW−hr

추출 방법: _____   거름 방법: _____

뜨거운 물의 질량: _____ g 분쇄 커피의 질량: _____ g 추출비: _____

물의 온도: _____ °C   에너지 사용량: _____ kW−hr

추출 시간: _____ 분   입자 크기: _____

추출한 커피의 질량: _____ − _____ = _____ g (가득 찬 컵 − 빈 컵)

TDS: _____ % PE: _____ × _____ ÷ _____ = _____ %

그 외의 결과:

_____

_____

_____

_____

_____

감각평가:

_____

_____

_____

_____

_____

첫 번째 설계 실험 데이터

커피 종류: _____

로스팅 방법: _____   로스팅 날짜: _____

생두의 질량: _____ g   로스팅한 원두의 질량: _____ g

로스팅 소요 시간: _____ 분   에너지 사용량: _____ kW−hr

추출 방법: _____   거름 방법: _____

뜨거운 물의 질량: _____ g   분쇄 커피의 질량: _____ g   추출비: _____

물의 온도: _____°C   에너지 사용량: _____ kW−hr

추출 시간: _____ 분   입자 크기: _____

추출한 커피의 질량: _____ − _____ = _____ g (가득 찬 컵−빈 컵)

TDS: _____ %   PE: _____ × _____ ÷ _____ = _____ %

그 외의 결과:
_____
_____
_____
_____
_____

감각평가:
_____
_____
_____
_____
_____

에너지 점수표(예시)

로스팅한 원두 한 가지만 사용하는 경우, '로스팅 A'만 작성하고 '로스팅 B'에는 0을 기입한다. 세 가지 이상 로스팅하여 사용하는 경우, 데이터를 추가하고 로스팅의 총 에너지를 적절하게 계산한다.

로스팅 A: _____	로스팅 B: _____
생두의 질량: _____ g	생두의 질량: _____ g
로스팅한 원두의 질량: _____ g	로스팅한 원두의 질량: _____ g
로스팅에 사용한 총 에너지: _____kW-hr	로스팅에 사용한 총 에너지: _____ kW-hr
로스팅한 원두의 질량당 에너지:	로스팅한 원두의 질량당 에너지:
_____ ÷ _____ = _____ kW-hr/g	_____ ÷ _____ = _____ kW-hr/g
사용한 원두의 총 질량: _____ g	사용한 원두의 총 질량: _____ g
g당 에너지 × 사용한 원두의 총 질량:	g당 에너지 × 사용한 원두의 총 질량:
_____ × _____ = _____ kW-hr	_____ × _____ = _____ kW-hr

추출에 실제로 사용된 원두의 로스팅 에너지(로스팅 A+로스팅 B)

_____ + _____ = _____ kW-hr

가열한 물의 총 질량: _____ g (시작할 때 주전자가 식어 있고 비어 있어야 한다.)
처음 물의 온도: _____ ℃   최종 물의 온도: _____ ℃

물을 가열하는 데 사용된 에너지: _____ kW-hr

(1L를 만드는 것이 아니기에 이 실험에서는 에너지 페널티를 걱정할 필요 없다.)

추출 방법(들): _____

추출한 커피의 질량: _____ − _____ = _____ g (가득 찬 병 − 빈 병)

추출한 커피의 질량이 925g(0.925L) 이상이면, 에너지 페널티는 0이다. 에너지 페널티 계산은 아래와 같다.

부족한 질량: __925__ − _____ = _____ g

에너지 페널티: __N/A__ g × __0.005__ kW-hr/g = __N/A__ kW-hr

커피 생산에 사용된 총 에너지(로스팅 에너지 + 물 에너지 + 페널티):

_____ + _____ + __0__ = _____ kW-hr

로스팅 데이터

커피 종류: _____   로스터 세팅: _____

생두의 질량: _____ g 로스팅한 원두의 질량: _____ g

로스팅 소요 시간: _____ 분   에너지 사용량: _____ kW—hr

메모: _____

_____

_____

커피 종류: _____   로스터 세팅: _____

생두의 질량: _____ g 로스팅한 원두의 질량: _____ g

로스팅 소요 시간: _____ 분   에너지 사용량: _____ kW—hr

메모: _____

_____

_____

커피 종류: _____   로스터 세팅: _____

생두의 질량: _____ g 로스팅한 원두의 질량: _____ g

로스팅 소요 시간: _____ 분   에너지 사용량: _____ kW—hr

메모: _____

_____

_____

커피 종류: _____   로스터 세팅: _____

생두의 질량: _____ g 로스팅한 원두의 질량: _____ g

로스팅 소요 시간: _____ 분   에너지 사용량: _____ kW—hr

메모: _____

_____

_____

실험 보고서

각 조는 아래 내용이 포함된 실험 보고서를 지정 기한까지 제출해야 한다.

1) 최소 3가지 추출물의 (ⅰ) 추출 방법, (ⅱ) 분쇄도, (ⅲ) TDS 및 PE(계산 과정을 보일 것), (ⅳ) 제어 도표상의 위치, (ⅴ) 감각평가를 기록한다.

2) 콘테스트에서 가장 기대되는 공정의 '에너지 점수표'(또는 에너지 점수표의 사진이나 스캔본)를 완성한다.

3) 최소 하나 이상의 추출물에 대하여 식 (1)을 사용하여 측정한 PE와 식 (3)으로 예측한 PE 값을 비교한다. 어느 정도 근사치인가 또는 얼마나 다른가?

4) 마지막으로 오늘의 주요 결론을 보여 주는 그래프와 다음 주에 테스트하게 될 설계/공정을 위한 전략을 간단하게 적는다. 그것을 선택하는 데 영향을 준 논리 또는 실험 데이터는 무엇인가?

실험 11 보너스 - 디카페인은 어떻게 만들어질까?

실험 2 보너스의 제목은 '기적의 약 카페인'이었다. 만일 커피의 카페인을 원하지 않는다면 어찌해야 할까? 굉장히 카페인에 예민한 사람들이 있다. 또 저녁 식사 후에 커피 한 잔을 즐기고 싶지만, 잠들기 어려운 이들도 있다. 대부분 디카페인 커피에 대해 들어 보았을 것이

다. 그런데 카페인은 어떻게 제거하는 걸까?

앞서 언급했듯이, 카페인은 분자상태의 물질이다. 카페인은 곤충에 대한 방어 기작으로 커피 식물이 만들어내는 천연 분자이다. 많은 이들이 강배전한 어두운 원두가 약배전한 밝은 원두보다 카페인이 더 많을 것이라고 생각하지만, 카페인의 양은 로스팅 강도가 아닌 커피 원두가 결정한다. 카페인은 알칼로이드(질소가 포함된 화합물)로 로스팅 과정에서 영향을 받지 않기 때문에 같은 원두를 어둡거나 밝게 로스팅하더라도 함유된 카페인의 양은 동일하다. 일반적으로 카페인의 양에 차이가 나는 것은 주로 그 원두가 처음부터 가지고 있던 카페인의 양과 추출 과정에서 얼마나 효율적으로 추출했는지에 기인한다.

생두는 항상 로스팅 **전에** 디카페인화한다. 첫 번째 과정은 늘 그렇듯이 스팀처리(수증기로 찐다)를 한다. 카페인의 물에 대한 용해도는 온도에 매우 민감하다. 상온에서는 물 100g당 2g 정도이지만, 끓는 물에서는 100g당 66g으로 급격히 증가한다. 결과적으로, 카페인을 제거하는 첫 번째 단계는 생두를 수증기로 '팽윤Swelling'시키는 것이다. 실제로 원두를 찌는 동안 크기는 약 50% 커진다. 이로 인해 원두의 기공이 열려 카페인에 더 쉽게 닿을 수 있게 된다. 또한 원두를 찌는 것은 카페인 분자를 용해시켜 이동시키는 데 도움이 된다.

원두를 찐 후 디카페인화 하는 주요 방법은 네 가지이며, 화학약품을 사용하는 '용매 기반' 방법과 물을 이용한 '비용매 방법'으로 분류된다(엄밀히 말해 모두 용매를 사용한다. 따지고 보면 물도 용매이기 때문이다. 하지만 물이 화학물질임에도 '비화학'이라는 표현을 사용하는 것은 대부분의 소비자에게 중요한 의미가 있다). 직접 용매 공정에서는 카페인 용해도는 높지만 '커피 물질'(카페인 외에 모든 것)의 용해도는 낮은 액체(용매)를 선정하여 선택적으로 카페인을 녹인다. 최근 공정에서는 에틸아세테이트 혹은 메틸클로라이드를 용매로 사용하고 있다. 에틸아세테이트를 사용하는 공정을 '자연적 디카페인화'라고 하는데, 에틸아세테이트가 과일에도 있고 사탕수수의 발효로도 얻을 수 있기 때문이다. 그래서 메틸클로라이드(유럽에서는 디클로로메탄으로 부름)보다는 좀 더 자연적인 것으로 분류한다. 자연적이라고는 하지만 사실 디카페인에 사용되는 에틸아세테이트는 화학적으로 생산되는데, 과일이나 사탕수수의 발효로 얻는 것보다 훨씬 저렴하게 합성할 수 있기 때문이다. 그러나 에틸아세테이트와 메틸클로라이드 모두 약간의 독성이 있으므로 커피에 들어가는 것을 원치 않을 것이다. 다행스럽게도 디카페인화 공정이 끝나면 ppm 단위의 용매만 남았다가 원두를 로스팅한 후에는 아무것도 남지 않게 된다.

증기로 찐 원두는 카페인을 추출하기 위해 10시간 정도 용매에 담가 둔다. 이후 용매를 제거하고 다시 쪄서 디카페인화한 원두에 남아 있는 모든 용매를 제거한다. 이 공정을 '직접적 용매 방법'이라 부르는데, 원두가 직접적으로 용매와 접촉하기 때문이다. '간접적 용매' 방법은 원두를 찐 후 물에 담가 두었다가 탈수한다. 이후 카페인이 녹아 있는 물을 용매와 섞어 카페인을 추출한다. 이 절차는 원두와 용매가 직접적으로 접촉하는 것은 아니지만, 향미와 관련된 화합물들이 손실되는 경향이 있다.

이 문제를 해결하고 화학적 용매의 사용을 피하기 위해 물을 '재활용'하는 대체 접근 방식이 개발되었다. 이러한 비용매 방식 중 하나가 스위스에서 개발한 '스위스 물 공정'이라는 것이다(스위스 물을 사용하는 것이 아니다!). 이 공정은 원두를 끓기 직전의 물에 담가 두는데, 이때 의도치 않게 다른 수용성 향 분자도 제거된다. 이 물을 모아 '활성탄'으로 카페인을 걸러 제거한다. 작은 향 분자는 다공성의 활성탄을 통과할 수 있지만, 더 큰 카페인 분자는 걸러지는 것이다. 카페인 제거 후 생두의 '향/맛을 간직한' 물은 다른 생두에서 카페인을 제거하기 위해 재사용한다. 첫 번째 원두는 카페인과 함께 뜨거운 물에 배출된 중요한 풍미 분자들이 물에 포화되도록 돕는 '희생 원두'이다. 활성탄으로 카페인을 제거한 후 이미 많은 향 분자를 가지고 있는 액체에 두 번째 원두를 '넣으면', 카페인은 신속하게 물에 녹고 나머지 향 분자들은 원두에 남게 되면서 향 분자의 농도 차이가 거의 나지 않게 된다. 이러한 방식으로 물을 재사용하면 이후에 처리하는 원두에서 향 분자가 추출되는 것을 막을 수 있다.

네 번째이자 마지막 디카페인 기술은 '초임계 이산화탄소'라 불리는 대단히 흥미로운 물질과 관련이 있다. 이산화탄소는 호흡을 통해 생성되는 기체로, 에너지 사용의 부산물로 내뿜게 된다. 에너지를 태우거나 방출하는 반응(커피 로스팅과 자동차의 연소 기관 등도 포함됨)의 산물이라는 것이다. 카페인과 대부분의 액체 및 고체 화합물은 탄산가스(CO_2)에 잘 용해되지 않는다. 그러나 탄산가스를 충분히 높은 압력(약 250기압)으로 압축하면, 여전히 기체상태로 있지만 거의 액체의 밀도를 갖기 때문에 '초임계'라고 부른다. 카페인이 초임계 탄산가스에 전부 용해되는 것은 아니지만, 다른 향 분자보다는 훨씬 쉽게 용해된다. 증기로 찐 후 축축하게 부푼 생두는 '역흐름' 방식으로 초임계 탄산가스와 접촉하게 된다. 생원두는 관(파이프)의 상단으로 들어가고 초임계 탄산가스는 아래에서 위로 흐른다. 실험 6에서 배웠듯이 물질전달은 농도 구배에 따라 달라진다. 관의 상단부에서부터 탄산가스(CO_2)와 접촉하여 이미 대부분의 카페인이 추출된 생두가 '신선한' 탄산가스를 접하게 되면, 관을 통과하는 동안 농도 구배를 높임으로 카페인 전달속도를 향상시킬 수 있다. CO_2는 관 꼭대기에서 포집하고 물을 분무하여 카페인을 침출시킨다. 이후 CO_2는 재활용하고 거의 순수한 카페인은 상업적으로 판매할 수 있다.

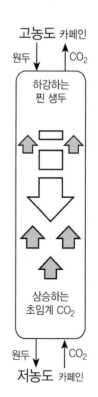

이 모든 것에도 불구하고 많은 이들이 디카페인 커피는 좋지 않다는 (잘못된) 믿음을 가지고 있다. 어떤 방법 혹은 과정을 사용하든 어쩔 수 없이 향미에 영향을 미치는 분자가 어느 정도는 제거될 수밖에 없다고 생각하기 때문이다. 그러나 그것이 좋은 손실인지 나쁜 손실인지는 분자가 결정한다. 때로는 카페인을 제거하면서 풍미 결함을 일으키는 분자를 제거할 수도 있다! 전반적으로 디카페인 커피는 점차 개선되고 있다. 과거에는 대다수의 디카페인 커피의 품질이 좋지 않았다. 현대의 기술로 고품질의 커피를 세심하게 가공하면, 질 좋고 맛도 좋은 디카페인 커피 한 잔을 얻을 수 있다. 디카페인 생두는 온라인에서 쉽게 구입할 수 있다. 구입하여 직접 실험해 보라!

The Design of Coffee
: An Engineering Approach

실험 12 - 두 번째 설계 실험
: 커피 1L로 대량화하기

■ **목표**

이번 실험의 주요 목적은 설계한 공정을 효과적으로 '스케일 업(Scale up, 대량화)'하고 디자인 콘테스트를 위해 로스팅과 추출 과정을 최적화하는 것이다.

■ **장비**

☐ 추출기 ☐ 가정용 커피 로스터 ☐ 전자 굴절계 ☐ 소비전력측정기

■ **활동**

☐ 완전히 정량화하여 세 번 추출하기(TDS, PE, 에너지)

☐ 마지막으로 디자인 콘테스트에 사용할 원두 추가로 로스팅하고 에너지 측정하기

☐ 시간과 에너지 사용량 고려하기

☐ 최종 설계 영상을 위한 사진 혹은 영상 촬영하기

■ **보고서**

☐ 에너지 점수표

☐ 1L에 얼마의 물과 커피, 에너지, 시간이 필요한지 가늠하기

☐ 제안한 설계와 그것을 채택한 논리에 대해 논의하기

배경

'작은' 규모에서는 멋지게 작동하는 공정들이 '큰' 규모에서는 수행하기 어려운(또는 불가능한) 경우가 있다. 예를 들어 어떤 화학자가 화합물을 합성하기 위해 정교한 화학반응 공정을 고안할 수 있다. 화학자가 실험실에서 작동하는 화학반응을 얻었다 하더라도, 그 공정을 산업적으로 사용하기 전에 극복해야 할 공학적 문제들이 많을 수도 있다. 지나치게 많은 단계로 구성되어 있거나 고

가의 촉매제를 필요로 하거나 혹은 터무니없이 높은 온도에서만 작동하거나 너무 많은 폐기물을 방출한다면, 아마 그 화학반응은 효과적으로 '스케일 업' 할 수 없다는 결론을 내리게 될 것이다.

같은 논리가 커피에도 적용된다. 아주 맛이 좋은 커피 한 잔을 만드는 완벽한 공정을 알고 있다 하더라도 그것으로 훨씬 더 많은 양의 커피를 만들 수 있는 것은 아니다. 감당할 수 없을 정도로 많은 에너지가 필요할 수도 있고, 더 많은 양을 추출하려면 커피의 맛이 달라질 수 있다. 또 공정이 너무 느려서 훨씬 많은 시간이 필요할 수도 있다.

커피 설계 실험을 하는 주요 목표는 (1) 최종 콘테스트에서 사용할 원두의 로스팅 프로필을 연습하고, (2) 추출 공정을 효과적으로 '스케일 업' 하여 더 많은 양의 커피를 만드는 법을 계획하려는 것이다. 필요한 물, 분쇄 커피, 에너지의 양과 시간을 계획하는 것은 대단히 중요하다. 오늘은 1L를 전부 만드느라 시간을 낭비하지 마라. 그보다는 설계를 최적화하고 그것이 작동하는 방식에 대한 계획을 세우라! 디자인 콘테스트 시 필요한 분쇄 커피의 양, 뜨거운 물의 양, 에너지의 양을 아는 것이 정말로 중요하다. 이전 실험에서 이미 논의한 자료들이 공정을 정량화하는 데 도움이 될 것이다. 먼저 필요한 물의 양을 생각해 보자. 우리는 실험 3의 식 (5)를 재배열하여 필요한 물의 양을 정확히 계산할 수 있다.

$$m_{water} = m_{brew} + (R_{abs} \times m_{grounds})$$ (1)

여기서 m_{water} 는 추출기에 공급해야 할 물의 총량이다(반드시 선호하는 추출 기술의 정량적 R_{abs} 값을 계산하라). 이 많은 물을 가열하는 데 얼마나 많은 에너지가 소요될까? 우리는 실험 5에서 에너지가 전체 질량, 비열용량 및 온도 상승에 어떻게 비례하는지 살펴보았다. 위의 식 (1)을 실험 5의 식 (6)에 대입하면 다음과 같은 결과를 얻을 수 있다.

$$E_{brew} = [m_{brew} + (R_{abs} \times m_{grounds})] \times C_p \times \Delta T$$ (2)

이 식을 주의 깊게 살펴보라. m_{ground}(분쇄 커피)과 m_{water}(물)의 선택은 TDS와 PE, 그에 따른 맛과 향에 어떤 영향을 미치는가?

시간도 중요하다. 당연히 추출하는 데 시간을 전부 소모하고 싶지는 않을 것이다. 제한시간 내에 충분한 커피를 추출하지 못하면 막대한 에너지 불이익을 받거나 실격당할 수도 있다. 또한 실험 4에서 시간이 흐를수록 커피의 pH가 달라진다는 것과 실험 9에서 거름의 단계를 거치지 않는 추출 기술(예, 프렌치 프레스) 때문에 커피 찌꺼기가 계속 추출되어 시간이 흐를수록 향미가 어떻게 달라졌는지 논의했다. 추출이 너무 일찍 끝나서 시음하기까지 약 30분을 그대로 둔다면, 아마도 커피의 품질은 저하될 것이다. 콘테스트에서는 1L의 보온병에 추출한 커피들을 담을 것이다. 따라서 pH는 큰 영향을 받지 않겠지만, 병에 든 분쇄 커피의 추출은 지속될 것이다. 따라서 이번 실험의 주요 목표는 각 단계의 공정을 수행하는 데 소요되는 시간과 1L의 커피를 추출하는 데 필요한 시간을 추산하는 것이다. 또 이전과 마찬가지로 에너지 점수표도 완성해야 한다.

두 번째 설계 실험하기

1차 실험과 마찬가지로 수정 및 조정이 가능한 실험을 수행할 것이다. 따라서 조원들과 함께 각자 설계한 공정을 작동시켜 볼 수 있다. 적어도 두세 가지 설계를 가급적 많이 실험해 보라. 이번 실험은 프로젝트 영상을 찍기도 좋다. 다음 질문들을 심사숙고해 보라.

1) 정확히 925g의 커피를 추출하고 싶다면, 얼마의 물을 가열해야 할까? 사용하지 않을 물을 가열하느라 에너지를 버리고 싶지는 않을 것이다. 그렇다고 양이 부족한 것도 원치 않을 것이다. 실험 3을 기억해 보자. 정확하게 목표한 양의 커피를 얻는 공정을 계획하려면 어떤 정보가 필요할까? 실험 3에서 얻은 데이터를 당신의 공정에 적용할 수 있는가? (힌트: 사용하는 추출 방법의 R_{abs}는 얼마인가?) 적용할 수 없다면, 어떤 실험을 수행하여 측정할 수 있는가?

2) 1L의 커피를 추출하는 데 45분이 주어진다는 것을 기억하라. 공정에 느리게 반복되는 과정이 포함되어 있다면, 1L를 만들 만큼 시간이 충분한가? 반대로 공정이 지나치게 빨라서 누군가 맛보기까지 오랜 시간 그대로 두어야 하는가? 추출이 끝날 때까지 소요되는 총 시간을 기록하라. 콘테스트에서 여분의 추출 장비를 이용할 수 있음을 기억하라.

3) 지속적으로 로스팅을 개선하라. 콘테스트가 얼마 남지 않았다!

4) 단계마다 사용한 에너지를 반드시 기록하라. 실제 콘테스트에서 사용할 에너지 점수표를 작성하라.

5) TDS와 PE를 측정하되, 이는 단지 지표에 불과하다는 것을 기억하라. 중요한 것은 맛에 대한 당신의 평가이다!

두 번째 설계 실험 데이터

커피 종류: _____

로스팅 방법: _____ 로스팅 날짜: _____

생두의 질량: _____ g 로스팅한 원두의 질량: _____ g

로스팅 소요 시간: _____ 분 에너지 사용량: _____ kW−hr

추출 준비를 시작한 시간: _____

추출 방법: _____ 거름 방법: _____

뜨거운 물의 질량: _____ g 분쇄 커피의 질량: _____ g 추출비: _____

물의 온도: _____ ℃ 에너지 사용량: _____ kW−hr

추출 시간: _____ 분 입자 크기: _____

추출한 커피의 질량: _____ − _____ = _____ g (가득 찬 컵−빈 컵)

추출이 완료된 시간: _____ 소요 시간: _____ 분

TDS: _____ % PE: _____ × _____ ÷ _____ = _____ %

그 외의 결과:

_____

_____

_____

_____

감각평가:

_____

_____

_____

_____

두 번째 설계 실험 데이터

커피 종류: _____

로스팅 방법: _____ 로스팅 날짜: _____

생두의 질량: _____ g 로스팅한 원두의 질량: _____ g

로스팅 소요 시간: _____ 분 에너지 사용량: _____ kW—hr

추출 준비를 시작한 시간: _____

추출 방법: _____ 거름 방법: _____

뜨거운 물의 질량: _____ g 분쇄 커피의 질량: _____ g 추출비: _____

물의 온도: _____ ℃ 에너지 사용량: _____ kW—hr

추출 시간: _____ 분 입자 크기: _____

추출한 커피의 질량: _____ − _____ = _____ g (가득 찬 컵 − 빈 컵)

추출이 완료된 시간: _____ 소요 시간: _____ 분

TDS: _____ % PE: _____ × _____ ÷ _____ = _____ %

그 외의 결과:

_____

_____

_____

_____

감각평가:

_____

_____

_____

_____

두 번째 설계 실험 데이터

커피 종류: _____

로스팅 방법: _____ 로스팅 날짜: _____

생두의 질량: _____ g 로스팅한 원두의 질량: _____ g

로스팅 소요 시간: _____ 분 에너지 사용량: _____ kW−hr

추출 준비를 시작한 시간: _____

추출 방법: _____ 거름 방법: _____

뜨거운 물의 질량: _____ g 분쇄 커피의 질량: _____ g 추출비: _____

물의 온도: _____ ℃ 에너지 사용량: _____ kW−hr

추출 시간: _____ 분 입자 크기: _____

추출한 커피의 질량: _____ − _____ = _____ g (가득 찬 컵−빈 컵)

추출이 완료된 시간: _____ 소요 시간: _____ 분

TDS: _____ % PE: _____ × _____ ÷ _____ = _____ %

그 외의 결과:
_____
_____
_____
_____

감각평가:
_____
_____
_____
_____

에너지 점수표(예시)

로스팅한 원두 한 가지만 사용하는 경우, '로스팅 A'만 작성하고 '로스팅 B'에는 0을 기입한다. 세 가지 이상 로스팅하여 사용하는 경우, 데이터를 추가하고 로스팅의 총 에너지를 적절하게 계산한다.

로스팅 A: _____	로스팅 B: _____
생두의 질량: _____ g	생두의 질량: _____ g
로스팅한 원두의 질량: _____ g	로스팅한 원두의 질량: _____ g
로스팅에 사용한 총 에너지: _____ kW−hr	로스팅에 사용한 총 에너지: _____ kW−hr
로스팅한 원두의 질량당 에너지:	로스팅한 원두의 질량당 에너지:
_____ ÷ _____ = _____ kW−hr/g	_____ ÷ _____ = _____ kW−hr/g
사용한 원두의 총 질량: _____ g	사용한 원두의 총 질량: _____ g
g당 에너지 × 사용한 원두의 총 질량:	g당 에너지 × 사용한 원두의 총 질량:
_____ × _____ = _____ kW−hr	_____ × _____ = _____ kW−hr

추출에 실제로 사용된 원두의 로스팅 에너지(로스팅 A+로스팅 B)

_____ + _____ = _____ kW−hr

가열한 물의 총 질량: _____ g (시작할 때 주전자가 식어 있고 비어 있어야 한다.)
처음 물의 온도: _____ ℃   최종 물의 온도: _____ ℃

물을 가열하는 데 사용된 에너지: _____ kW−hr

(1L를 만드는 것이 아니기에 이 실험에서는 에너지 페널티를 걱정할 필요 없다.)

추출 방법(들): _____

추출한 커피의 질량: _____ − _____ = _____ g (가득 찬 병 − 빈 병)

추출한 커피의 질량이 925g(0.925L) 이상이면, 에너지 페널티는 0이다. 에너지 페널티 계산은 아래와 같다.

부족한 질량: __925__ − _____ = _____ g

에너지 페널티: __N/A__ g × __0.005__ kW−hr/g = __N/A__ kW−hr

커피 생산에 사용된 총 에너지(로스팅 에너지 + 물 에너지 + 페널티):

_____ + _____ + __0__ = _____ kW−hr

로스팅 데이터

커피 종류: _____   로스터 세팅: _____

생두의 질량: _____ g   로스팅한 원두의 질량: _____ g

로스팅 소요 시간: _____ 분   에너지 사용량: _____ kW–hr

기록: _____

_____

_____

커피 종류: _____   로스터 세팅: _____

생두의 질량: _____ g   로스팅한 원두의 질량: _____ g

로스팅 소요 시간: _____ 분   에너지 사용량: _____ kW–hr

메모: _____

_____

_____

커피 종류: _____   로스터 세팅: _____

생두의 질량: _____ g   로스팅한 원두의 질량: _____ g

로스팅 소요 시간: _____ 분   에너지 사용량: _____ kW–hr

메모: _____

_____

_____

커피 종류: _____   로스터 세팅: _____

생두의 질량: _____ g   로스팅한 원두의 질량: _____ g

로스팅 소요 시간: _____ 분   에너지 사용량: _____ kW–hr

메모: _____

_____

_____

실험 보고서

정해진 기한까지 각 조는 다음 질문의 답이 포함된 보고서를 제출해야 한다.

1) 콘테스트에 가장 적합하다고 생각되는 공정의 '에너지 점수표' 작성하기(에너지 점수표의 사진을 찍거나 스캔해도 좋다).

2) 콘테스트에서 1L의 커피를 추출하는 데 필요한 물과 분쇄 커피의 양, 에너지 사용량 계산하기. 모든 계산 과정이 (단위와 함께) 보여야 한다.

3) 각각의 커피를 추출하는 데 필요한 시간을 측정하여 1L를 추출하는 데 필요한 시간 계산하기.

4) 추출 방법, 로스팅 정보, 대략적인 분쇄도, TDS와 PE, 이상적인 추출 도표상에서의 위치, 감각평가 그리고 그 외 관련이 있는 것으로 여겨지는 정보들 설명하기.

5) 왜 그것을 콘테스트에 사용할 공정으로 선택했는지 설명하라. 무슨 논리 또는 데이터로 그것을 선택하였는가?

미국은 인스턴트커피에 관심이 없다. 겨우 3%만 인스턴트커피로 소비되는데, 편의성과 속도를 위해 흔쾌히 추가금을 낸다는 미국인들을 생각하면 놀랄 만큼 적은 양이다. 반면 전 세계에서 소비되는 커피의 ⅓ 이상이 인스턴트커피이다. 게다가 인스턴트커

피의 소비량은 놀랍도록 빠르게 증가하고 있으며, 지난 15년간 3배나 증가했다. 미국에서 팔리고 있는 인스턴트커피의 비율은 전 세계 최하에 가깝다.

미국인들이 커피를 마시지 않는 것이 아니다. 미국인들은 하루 평균 2.6잔의 커피를 마신다고 한다. 이렇게 차이가 나는 것은 미국에서 커피 팟(캡슐 커피)이 급증했기 때문이다. 이처럼 버튼을 누르면 커피가 추출되는 개인용 기기들이 미국 시장의 25%를 차지한다. 이것은 빠르고 편리하지만, '인스턴트'커피는 아니다.

인스턴트커피는 전 세계적으로 큰 족적을 남겼다. (Nescafe로도 알려진) 네슬레Nestle는 매년 전 세계에서 생산되는 커피의 15%를 구매한다. '인스턴트'커피는 1771년경 영국에서 개발된 것으로 기록되어 있지만, 1983년에 네슬레에서 그럴듯한 맛으로 개발하기까지는 상용화되지 않았다. 그 당시 브라질에서는 대량의 잉여 커피가 생산되고 있었고 정부 차원에서 그것을 어떻게 처리할지 고민하고 있었다. 네슬레에서는 커피를 마실 수 있는 탄수화물로 건조하는 방법을 고안해냈다. 시기적으로 완벽했다. 얼마 지나지 않아 제2차 세계대전이 발발하면서 인스턴트커피는 병사들에게 편리하고 신속하게 보급되는 품목으로 입지를 공고히 하게 되었다.

오늘날의 인스턴트커피는 분무건조와 동결건조, 두 가지 공정으로 만들어진다. 분무건조는 농축한 커피 추출물을 아주 작은 안개처럼 분무하고 뜨거운 공기로 건조한다. 커피를 농축하기 위해 커피와 물의 비율을 높게 하여 추출한다. 그런 다음 물의 일

부를 증발시켜 50% 이상의 강도(TDS)로 생산한다. 일반적인 커피의 농도가 약 1.3% 이기에 상당히 농축된 것이다. 이후 농축된 안개를 관 상부에서 분무하고 아래쪽에서는 뜨거운 공기를 주입한다(실험 11 보너스에서 카페인을 추출하는 역방향 흐름과 비슷하다). 관 아래쪽에서 건조된 커피 입자들을 회수하는데, 이 입자들은 서로 응집되어 (약간의 물과 서로 엉겨 붙어) 큰 입자를 형성한다. 종종 탄수화물을 첨가하여 부피를 키워 분쇄 커피처럼 만들기도 하고, 곱게 간 신선한 커피를 첨가하여 향을 더하기도 한다. 인스턴트커피 가루의 응집된 덩어리는 분쇄한 커피처럼 보인다. 입자가 제조사에서 원하는 크기와 모양을 갖추면, 포장하여 출하할 준비를 한다.

동결건조는 농축한 커피를 건조하기 전에 먼저 얼린다. 아이스커피와 비슷한 것 같지만, 이것은 커피를 얼리는 것이 시작이다. 이 얼음 덩어리들을 작은 조각으로 부순 다음 진공 장치 안에 넣고 건조시킨다. 실험 5 보너스에서 살펴본 물의 상평형도를 기억하고 있다면, 0.006기압 이하에서 얼음을 가열하면 녹지 않고 기체가 된다는 것을 알 것이다. 물 분자가 고체상태에서 곧바로 기체상태로 변화한다는 것이다. 이 과정을 승화 또는 '동결건조'라고 부른다. 동결건조가 분무건조보다 비용이 훨씬 많이 들지만, 맛과 향 분자들을 더 많이 간직한다. 따라서 고품질의 인스턴트커피를 생산하는 제조사들은 동결건조를 사용함으로 맛이 좋은 인스턴트커피를 만들어내고 있다. 사실 휘발성 향기와 향미 분자들은 커피의 품질에 대단히 중요하기 때문에 추출하고 증발시키는 단계에서 기체를 포집하여 인스턴트커피에 다시 추가하는 공정도 있다. 인스턴트 음료를 만들기 위해 정말 많은 작업을 거치는 것이다!

실험 13 - 세 번째 설계 실험
: 경제성 공학과 커피

▣ 목표

이번 실험의 주된 목표는 비용-이익 분석 개념을 사용하여 '나의 설계 비용은 얼마인가?'라는 질문에 대해 생각해 보는 것이다. 또 이번이 콘테스트에 사용할 원두를 로스팅할 마지막 기회이다.

▣ 장비

☐ 추출기   ☐ 가정용 커피 로스터   ☐ 전자 굴절계   ☐ 소비전력측정기

▣ 활동

☐ 완전히 정량화하여 세 번 추출하기(TDS, PE, 에너지).

☐ 디자인 콘테스트에 사용할 원두 로스팅하고 에너지 측정하기

☐ 자신이 제안한 설계의 경제성 분석하기

☐ 최종 설계 영상을 위한 사진, 영상 찍기

▣ 보고서

☐ 에너지 점수표 완성하기

☐ 자신이 제안한 설계의 비용-이익 분석하기

☐ 당신이 제안한 설계와 그것을 선택한 타당성에 대한 논의

배경 - 비용과 이익 분석하기

이전 실험에서는 과학적이고 공학적인 기본 원리들과 그것들이 커피 설계에 어떤 영향을 미치는지에 초점을 맞추었다. 우리는 질량보존과 에너지 보존 그리고 화학반응 속도론이 시간에 따라 커피의 신맛이 강해지는 속도에 어떤 영향을 미치는지, 압력과 투과도가 분쇄 커피를 통과하는 물의 유속을 조절하여 맛과 향에 어떤 영향을 미치는지 살펴보며 커피에 대해 탐구했다.

커피를 제대로 알려면 이와 같은 원리를 이해하는 것이 대단히 중요하며, 애호가들도 이 정도의 이해 수준이면 충분하다. 그러나 커피에 대한 전문성으로 돈을 벌고자 한다면, 완전히 다른 종류의 전문성도 필요하다. 특히 화학공학도와 커피 전문가는 반드시 특정 공학적 공정이나 적용이 경제적으로 타당한지 결정해야 한다. 간단히 말해 '얼마의 비용이 들 것인가?'에 답을 할 수 있어야만 한다. 새로운 설계의 목적은 이윤을 창출하여 '얼마의 돈을 벌 수 있는가?'와 밀접한 관련이 있다는 말이다.

우리는 이번 실험에서 특별히 경제적 의사결정에 도움이 되는 경제성 분석에 초점을 맞출 것이다. 구체적으로 '비용-이익 분석'을 수행하는 법을 배울 것인데, '어떤 것의 비용은 얼마이고, 그것이 장기적으로 창출할 수익은 얼마인가?'를 분석하는 것이다. 이 분석은 일반적으로 어떤 선택이나 행동 방침이 최선인지 결정하는 것을 목표로 한다. 공학자는 특히 화학공정 설계의 관점에서 반드시 정량적인 비용-이익 분석에 능숙해야 한다. 예를 들어 20피트(약 6.9m)의 증류탑은 10피트(약 3.0m)의 탑에 비해 분명 더 많은 초기 비용이 들겠지만, 더 큰 탑은 생산성이 높아서(말하자면 더 많은 알코올을 더 빨리 증류할 수 있음) 추가 투자의 가치가 있을 수도 있다.

비용-이익 분석을 설명하기 위해 커피를 많이 소비하는 대학생들의 경우를 살펴보자. 구체적으로 학교에 다니는 동안 매일 라지 사이즈의 커피 한 잔을 사 먹는다고 가정해 보자. 아침마다 직접 만드는 것이 나을까 아니면 매일 카

페에서 2달러의 커피를 사는 것이 나을까?

직감적으로 '당연히 직접 만드는 것이 저렴하지!'라고 생각할 수도 있지만, 공학자라면 직감만으로는 충분하지 않다. 우리에게는 정량적인 비교가 필요하다. 구체적으로 정확히 얼마나 저렴한가? 만약 비용의 차이가 아주 사소하다면, 숙련된 바리스타가 아침마다 커피를 내려 주는 것이 나을 수도 있다. 또 비용 차이가 크다면 직접 만들지 않는 것이 (경제적 관점에서) 어리석은 일일 것이다.

이 질문을 정량적으로 검토하기 위해 먼저 매일 커피를 사 먹는 비용에 대해 생각해 보자. 2021년 기준, 스타벅스의 '그란데Grande'(16oz, 473mL) 사이즈 커피를 사려면 2.65달러는 지불해야 한다. 일반적으로 판매되는 음식에는 판매 세금(캘리포니아 데이비스시의 세금은 8.25%이다)이 추가되지만, 캘리포니아에서 뜨거운 커피는 판매세 대상이 아니다(주마다 세법이 다르다). 2.65달러가 적게 느껴질 수도 있지만, 이 금액이 4년의 학부 과정 내내 누적된다고 하자. 인플레이션으로 시간에 따라 돈의 가치가 떨어지는 경향이 있기에 이 가격이 4년 동안 일정하게 유지되지는 않겠지만, 여기서는 최대한 분석을 단순화하여 가격 상승의 가능성을 무시할 것이다. 1년을 50주로 보면(매년 2주 정도는 친구나 가족들이 커피를 사주길 바라면서), 4년 내내 지출하게 될 총 금액은 다음과 같다.

$$\frac{\$2.65}{일} \times \frac{7일}{주} \times \frac{50주}{년} \times 4년 = \$3,710 \tag{1}$$

2달러짜리 커피가 큰 돈이 되었다! 여기서는 날마다 커피를 사 먹는 것과 관련하여 추가적인 교통비나 그 외의 지출이 없는 것으로 가정했다. 만일 커피를 마시기 위해 날마다 차를 타고 나간다면, 유류비와 차량 유지 비용도 추가해야 한다. 이러한 '유지' 비용은 공식적으로 감가상각되는 것으로 알려져 있는데, 이는 시간이 지남에 따라 자동차의 가치가 하락한다는 의미이다(자동차는 매우 빠르게 감각상각되기에 경제적 관점에서 좋지 않은 투자이다). 미국 국세청IRS에서는 유류비, 보험료 그리고 감가상각을 포함하여 1마일(1.6km)당 0.56달러(2021년 기준)의 적절한 책정비용을 고시한다. 이것은 매일 1마일 떨어진 곳에 차를 타고 커피를 사러 간다면 커피의 실질가격은 $3.21/일, 4년 동안 총 비용은 4,494달러라는 의미이다. 4년 동안 커피숍까지 매일 1마일을 운전하는 것만으로 784달러의 비용이 들게 된다는 것이다!

이제 매일 카페에서 커피를 사 먹는 비용을 알았으니, 직접 만드는 것으로 관심을 돌려보자. 우선 커피를 매일 추출하기 위해 필요한 장비를 구입하는 데 드는 초기 비용을 상정해야 한다. '설비 투자'라고도 하며, 철저한 비용–이익 분석에는 전체 공정에 반드시 필요한 모든 장비가 포함된다. 여기서는 커피를 만드는 데 필요한 장비가 하나도 없어서 전부 다 구입해야 한다고 가정해 보자. 구체적으로 커피를 추출하려면 추출기, 분쇄기 그리고 커피를 담을 여행용 보온 머그컵이 필요하다. 굉장히 다양한 종류의 커피 장비가 있지만, 여기서는 수온을 정밀하게 조절하여 균일하게 추출되는 고품질의 추출기를 선호한다고 가정하자. (판매세를 포함한) 초기 설비 투자는 대략적으로 다음과 같을 것이다.

- 커피 추출기, $120
- 날 분쇄기, $20
- 여행용 머그컵, $10

이렇게 하여 150달러의 고정 설비 투자 비용이 나왔다. 이제는 커피를 만들기 위해 정기적으로 구입해야 하는 '운영비'를 확인해야 한다. 먼저 필요한 커피의 양이 얼마인지 알아보자. 일반적인 보온 머그컵은 약 2잔(16oz)을 담을 수 있다. 그러므로 매일 2잔의 커피를 추출한다고 가정해 보자. 물 한 컵은 237g이기에 474g의 커피가 필요한 것이다. 필요한 분쇄 커피의 양을 결정하려면 실험 11의 식 (2)를 다음과 같이 다시 적을 수 있다.

$$m_{grounds} = \frac{m_{brew}}{R_{brew} - R_{abs}} \tag{2}$$

앞서 논의한 것처럼 이상적으로 추출된 커피의 추출비는 약 17이며, 흡수율은 대략적으로 $R_{abs} \approx 2$이다. 이는 매일 32g의 커피가 필요하다는 뜻이다(물론 적은 커피로 약하게 추출할 수도 있다). 그러면 생두 1파운드(1lb, 454g)를 2주일 동안 소모하게 된다. 기억을 되살려 보면, 필요한 커피의 양은 다음과 같다.

$$m_{brew} = \left[\frac{2\,컵}{일}\right]\left[\frac{237g}{1\,컵}\right] = 474g \tag{3}$$

$$m_{grounds} = \frac{474\,g}{17-2} = 32g \tag{4}$$

$$필요한\ 커피의\ 양 = \left[\frac{32\,g}{일}\right]\left[\frac{봉지당\ 1파운드}{454\,g}\right]\left[\frac{7일}{주}\right] = 0.49\,\frac{봉지}{주} \tag{5}$$

당연히 다음 질문은 '커피에 드는 비용은 얼마인가'이다. 날마다 직접 커피를 내리고 있다면, 아마도 최근에 로스팅한 고품질 원두를 사용하고 싶을 것이다. 커피의 가격은 지역과 품질에 따라 차이가 크지만 경험적으로 2021년에는 파운드당 15달러면 아주 우수한 원두를 구매할 수 있었다. 이것을 기준으로 매일 한 잔의 분쇄 커피의 가격을 계산하면 다음과 같다.

$$\left[\frac{커피\ 1봉지}{2주}\right]\left[\frac{\$15}{1파운드의\ 커피봉지}\right]\left[\frac{1주}{7일}\right] = \frac{\$1.04}{일} \tag{6}$$

이것은 2.65달러에 커피를 사 먹는 것보다는 훨씬 저렴하지만, 아직 그 외의 비용 전부가 포함되지는 않았다. 거름종이도 운영비에 포함된다. (4컵 분량의 추출기용) 400장이 든 거름종이 한 상자의 가격은 약 8달러, 그러므로 (하루에 한 장 사용한다고 가정하여) 낱장의 가격은 2센트(0.02달러)이다. 크림과 설탕은 어떠한가? 한 잔당 각설탕 한 개를 넣는다고 가정하자. 일반적인 각설탕 가격은 하나에 약 4센트이다. 생크림은 '하프-앤-하프' 크림 1핀트(16oz)가 보통 3달러로 조금 더 비싸다. 만일 한 컵당 1oz를 사용한다면(묶음당 2oz) 비용은 하루에 0.38달러가 된다.

물은 어떠한가? 수도세를 내고 있다면 그 비용도 고려해야 할 것이다. 그러나 일반적인 수돗물을 사용하고 있다면 그 비용은 무시해도 된다. 수돗물은 보통 10갤런(약 38L)에 7센트, 한 컵당 0.0004달러이다. 따라서 물의 비용은 무시할 수 있다. 이것은 확실하지 않은 다른 예측 비용보다 적은 금액이다.

원두	$1.04 / 일
하프-앤-하프 크림	$0.38 / 일
설탕	$0.03 / 일
거름종이	$0.03 / 일
전기	$0.02 / 일
물(수돗물로 가정)	무시할 만함
장기충당수선금	$0.05 / 일
합계	$1.54 / 일

에너지 비용은 어떠한가? 실험 5에서 살펴본 것처럼 드립 추출기로 네 컵의 물을 데우는 데 약 0.08kW-hr가 소모되고 에너지 비용이 kW-hr당 약 0.20달러이므로, 추출기 운영에 들어가는 비용은 하루에 2센트 정도이다.

마지막으로 장비의 유지 비용은 어떠한가? 일반적으로 대량 생산 설비에서는 유지 비용이 많이 들겠지만, 집에서 추출하는 경우에는 보다 간단하다. 커피 추출기와 머그컵을 주기적으로 세척해야 하지만, 물과 마찬가지로 세제의 비용도 무시해도 된다. 그보다 '장기충당수선금'을 고려해야 한다. 만약 2~3년 후 분쇄기의 날이 망가지거나 머그컵을 분실한다면 어떻게 되겠는가? 정확한 비용은 초기의 설비 투자를 유지 혹은 대체하는 비용에 할당된 일부 예산으로 예측할 수 있다. 장비의 평균 수명을 계산하

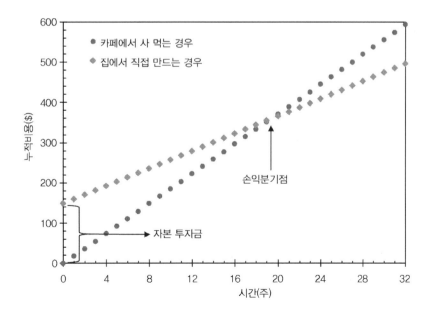

는 복잡한 과정들이 많지만, 여기서는 이 고가의 추출기의 보증기간이 4년이라고 가정하자. 분쇄기의 보증기간은 2년, 머그컵은 보증기간이 없다. 그렇다면 분쇄기는 4년에 한 번 교체하는 것으로, 머그컵은 평균적으로 학년이 바뀔 때마다 분실한다고 보수적으로 추정할 수 있다. 이것을 모두 더하면 4년간 약 20달러 + 4 × 10달러 = 60달러의 비용이 필요하고, 하루를 기준으로 하면 하루당 60달러/(7 × 50 × 4) = 0.05달러가 된다.

매일 커피를 만드는 데 들어가는 운영비는 앞 페이지에 표로 정리되어 있다. 분명한 것은 원두 자체가 주요 비용이기에 비용을 줄이고 싶다면 덜 비싼 원두를 찾아야만 한다는 사실이다. 파운드당 6달러 정도의 저품질 원두를 찾으면, 간단하게 (설탕과 크림 등을 포함한) 전체 비용을 하루 0.92달러로 확실히 줄일 수 있다. 만약 크림이나 설탕을 생략하고 블랙커피만 마신다면, 전체 비용은 하루에 겨우 0.51달러로 훨씬 더 저렴하다! 또한 일상적으로 장을 보면서 재료를 구입한다고 가정하기에, 필요한 물품을 사기 위해 소비되는 추가적인 교통비용은 발생하지 않는다.

주차	카페	집
0	-	150.00
1	18.55	160.80
2	37.10	171.61
3	55.65	182.41
4	74.20	193.22
5	92.75	204.02
6	111.30	214.83
7	129.85	225.63
8	148.40	236.43
9	166.95	247.24
10	185.50	258.04
11	204.05	268.85
12	222.60	279.65
13	241.15	290.46
14	259.70	301.26
15	278.25	312.07
16	296.80	322.87
17	315.35	333.67
18	333.90	344.48
19	352.45	355.28
20	**371.00**	**366.09**
21	389.55	376.89
22	408.10	387.70
23	426.65	398.50
24	445.20	409.30
25	463.75	420.11
26	482.30	430.91
27	500.85	441.72
28	519.40	452.52
29	537.95	463.33
30	556.50	474.13
31	575.05	484.94
32	593.60	495.74
33	612.15	506.54
34	630.70	517.35
35	649.25	528.15
36	667.80	538.96
37	686.35	549.76
38	704.90	560.57
39	723.45	571.37
40	742.00	582.17

$$\frac{1.54달러}{일} \times \frac{50주}{년} \times \frac{7일}{주} \times 4년 = \$2161 \tag{7}$$

심지어 150달러의 초기 설비 투자를 더한 후에도 커피를 직접 만드는 것이 엄청나게 큰돈을 절약하는 것은 분명하다. 매일 커피를 사 먹는 데 드는 총 비용 3,710달러에 비해 직접 커피를 만드는 게 바리스타에게 돈을 지불하는 것보다 장기적으로 훨씬 더 경제적이다.

이 분석법은 초기 투자 이후 계속해서 커피를 직접 만들어 먹는 것을 가정하고 있지만, 어떤 시점에 게을러져서 다시 카페에서 사 먹기 시작한다면 어떻게 될까? 얼마 동안 커피를 직접 만들어야 손익분기점을 넘길까?

이 질문에 답을 하려면, 두 상황의 비용을 보여 주는 표를 준비해야 한다. 주 단위로 커피를 사 먹거나 만들어 먹는 상황을 각각 시간과 총 누적비용으로 표시한다. '집에서 커피를 만드는 경우' 0주에 초기 설비 투자에 해당하는 150달러에서 시작하지만, '카페에서 구매하는 경우'에는 초기 투자가 없다. 하지만 매일 1.54달러에 커피를 만들어 먹는 것과 2.65달러에 사 먹는 것의 차이를 반영하면 사 먹는 것의 누적비용이 만들어 먹는 것보다 더 가파르게 증가한다.

복잡하게 보일 수도 있지만, 엑셀이나 구글 시트로 만들면 간단하다. 가로로 세 칸에 각각 주차, 카페, 집을 기입한다. 여기서 비용은 주당 비용이므로, 하루 비용에 7을 곱해야 한다(월 또는 일 단위도 가능). 여기에 각각 커피 구입 비용과 추출 비용을 더하여 내려가면서 누적비용을 구하라(왼쪽 표 참조). 수식을 사용한 다음 밑으로 드래그하여 채우면 쉽다(부록 A 참고).

20주차 근처에서 두 곡선이 교차함을 볼 수 있다. 이것이 바로 '손익분기점'이며, 두 활동의 누적 금액이 동일해지는 지점이다. 다시 말해 20주 이상 계속 커피를 만들어 먹으면(약 5달, 겨우 한 학기) 상황이 바뀐다. 주머니에 든 돈이 많아지게 된다.

이 분석은 보통 규모가 있는 사업의 큰 비용 중 하나인 시간에 대한 비용(즉 노동력)을 완전히 무시한 것이다. 우리는 여기서 줄 서서 기다리는 시간과 직접 커피를 추출하는 데 소요되는 시간이 거의 비슷하다고 가정했는데, 이것은 보수적인 추정이다. 일반적으로 집에서 직접 추출하는 것이 카페에서 기다리는 것보다 훨씬 시간이 적게 걸린다.

세 번째 설계 실험하기

우리는 앞서 두 번의 설계 실험 가운데 가능성을 열어 둔 활동을 하면서 조별활동으로 각자가 설계한 공정을 작동시켜 보았다. 최소 두세 개의 공정을 가급적 많이 실험해 보라. 이번 실험은 프로젝트 영상을 남기기 좋다.

정말 중요한 것은 지금이 콘테스트에 사용할 원두를 로스팅할 마지막 기회라는 것이다. 최선을 다하라. 지금 로스팅하는 것이 콘테스트에서 사용할 원두이다! 로스팅에 소모된 에너지를 철저히 기록하라.

이번 실험의 주요 목적은 콘테스트에서 추출할 설계를 다듬는 것이지만, 주제는 경제학이다. 디자인 콘테스트는 비용이 아니라, 오직 맛과 에너지로 결정된다. 하지만 이번 실험은 커피 소비의 경제학을 더 깊이 생각해 볼 기회이다. 따라서 다음 질문들을 깊이 생각해 볼 것을 권한다.

1) 만약 최저임금으로 누군가를 고용하여 1L의 커피를 만드는 모든 과정을 수행하게 한다면, 그 비용은 얼마일까? 이것에 답을 하려면, 로스팅, 분쇄, 추출, 청소 등 관련된 모든 과정에 소요되는 시간을 측정해야 한다.

2) 앞서 설명한 대로, 커피 추출에는 분명 설비 투자 비용과 다양한 운영비가 포함되어 있다. 로스팅은 어떠한가? 생두를 직접 로스팅하는 데 추가되는 비용은 얼마인가?

3) 다시 말하지만, 이것이 로스팅을 해 둘 마지막 기회이다! 가능한 한 좋은 로스팅을 하라.

4) 단계마다 사용하는 에너지를 반드시 기록해 두어야 한다. 실제 콘테스트에서 사용할 에너지 점수표를 완성하라.

5) TDS와 PE를 측정하되, 이것은 지표에 불과함을 기억하라. 맛에 대한 감각평가가 가장 중요하다!

세 번째 설계 실험 데이터

커피 종류: _____

로스팅 방법: _____   로스팅 날짜: _____

생두의 질량: _____ g   로스팅한 원두의 질량: _____ g

로스팅 소요 시간: _____ 분   에너지 사용량: _____ kW−hr

추출 준비를 시작한 시간: _____

추출 방법: _____   거름 방법: _____

뜨거운 물의 질량: _____ g   분쇄 커피의 질량: _____ g   추출비: _____

물의 온도: _____ ℃   에너지 사용량: _____ kW−hr

추출 시간: _____ 분   입자 크기: _____

추출한 커피의 질량: _____ − _____ = _____ g (가득 찬 컵−빈 컵)

추출이 완료된 시간: _____   소요 시간: _____ 분

TDS: _____ %   PE: _____ × _____ ÷ _____ = _____ %

그 외의 결과:

_____

_____

_____

_____

감각평가:

_____

_____

_____

_____

세 번째 설계 실험 데이터

커피 종류: _____

로스팅 방법: _____ 로스팅 날짜: _____

생두의 질량: _____ g 로스팅한 원두의 질량: _____ g

로스팅 소요 시간: _____ 분 에너지 사용량: _____ kW-hr

추출 준비를 시작한 시간: _____

추출 방법: _____ 거름 방법: _____

뜨거운 물의 질량: _____ g 분쇄 커피의 질량: _____ g 추출비: _____

물의 온도: _____ ℃ 에너지 사용량: _____ kW-hr

추출 시간: _____ 분 입자 크기: _____

추출한 커피의 질량: _____ - _____ = _____ g (가득 찬 컵-빈 컵)

추출이 완료된 시간: _____ 소요 시간: _____ 분

TDS: _____ % PE: _____ × _____ ÷ _____ = _____ %

그 외의 결과:

_____

_____

_____

_____

감각평가:

_____

_____

_____

_____

세 번째 설계 실험 데이터

커피 종류: _____

로스팅 방법: _____ 로스팅 날짜: _____

생두의 질량: _____ g 로스팅한 원두의 질량: _____ g

로스팅 소요 시간: _____ 분 에너지 사용량: _____ kW−hr

추출 준비를 시작한 시간: _____

추출 방법: _____ 거름 방법: _____

뜨거운 물의 질량: _____ g 분쇄 커피의 질량: _____ g 추출비: _____

물의 온도: _____ ℃ 에너지 사용량: _____ kW−hr

추출 시간: _____ 분 입자 크기: _____

추출한 커피의 질량: _____ − _____ = _____ g (가득 찬 컵−빈 컵)

추출이 완료된 시간: _____ 소요 시간: _____ 분

TDS: _____ % PE: _____ × _____ ÷ _____ = _____ %

그 외의 결과:

_____

_____

_____

_____

감각평가:

_____

_____

_____

_____

에너지 점수표(예시)

로스팅한 원두 한 가지만 사용하는 경우, '로스팅 A'만 작성하고 '로스팅 B'에는 0을 기입한다. 세 가지 이상 로스팅하여 사용하는 경우, 데이터를 추가하고 로스팅의 총 에너지를 적절하게 계산한다.

로스팅 A: _____	로스팅 B: _____
생두의 질량: _____ g	생두의 질량: _____ g
로스팅한 원두의 질량: _____ g	로스팅한 원두의 질량: _____ g
로스팅에 사용한 총 에너지: _____kW-hr	로스팅에 사용한 총 에너지: _____ kW-hr
로스팅한 원두의 질량당 에너지:	로스팅한 원두의 질량당 에너지:
_____ ÷ _____ = _____ kW-hr/g	_____ ÷ _____ = _____ kW-hr/g
사용한 원두의 총 질량: _____ g	사용한 원두의 총 질량: _____ g
g당 에너지 × 사용한 원두의 총 질량:	g당 에너지 × 사용한 원두의 총 질량:
_____ × _____ = _____ kW-hr	_____ × _____ = _____ kW-hr

추출에 실제로 사용된 원두의 로스팅 에너지(로스팅 A+로스팅 B)

_____ + _____ = _____ kW-hr

가열한 물의 총 질량: _____ g (시작할 때 주전자가 식어 있고 비어 있어야 한다.)

처음 물의 온도: _____ ℃   최종 물의 온도: _____ ℃

물을 가열하는 데 사용된 에너지: _____ kW-hr

(1L를 만드는 것이 아니기에 이 실험에서는 에너지 페널티를 걱정할 필요 없다.)

추출 방법(들): _____

추출한 커피의 질량: _____ - _____ = _____ g (가득 찬 병 - 빈 병)

추출한 커피의 질량이 925g(0.925L) 이상이면, 에너지 페널티는 0이다. 에너지 페널티 계산은 아래와 같다.

부족한 질량: __925__ - _____ = _____ g

에너지 페널티: __N/A__ g × __0.005__ kW-hr/g = __N/A__ kW-hr

커피 생산에 사용된 총 에너지(로스팅 에너지 + 물 에너지 + 페널티):

_____ + _____ + __0__ = _____ kW-hr

로스팅 데이터

커피 종류: _____   **로스터 세팅:** _____

생두의 질량: _____ g   **로스팅한 원두의 질량:** _____ g

로스팅 소요 시간: _____ 분   **에너지 사용량:** _____ kW−hr

메모: _____

_____

_____

커피 종류: _____   **로스터 세팅:** _____

생두의 질량: _____ g   **로스팅한 원두의 질량:** _____ g

로스팅 소요 시간: _____ 분   **에너지 사용량:** _____ kW−hr

메모: _____

_____

_____

커피 종류: _____   **로스터 세팅:** _____

생두의 질량: _____ g   **로스팅한 원두의 질량:** _____ g

로스팅 소요 시간: _____ 분   **에너지 사용량:** _____ kW−hr

메모: _____

_____

_____

커피 종류: _____   **로스터 세팅:** _____

생두의 질량: _____ g   **로스팅한 원두의 질량:** _____ g

로스팅 소요 시간: _____ 분   **에너지 사용량:** _____ kW−hr

메모: _____

_____

_____

Part3 커피 디자인하기 /

실험 보고서

정해진 기한까지 각 조는 다음 내용이 포함된 보고서를 제출해야 한다.

1) 콘테스트에 가장 적합하다고 생각되는 공정의 '에너지 점수표' 작성하기(에너지 점수표의 사진을 찍거나 스캔해도 된다)

2) 그 공정을 콘테스트에 사용하기로 선택한 이유 설명하기. 어떤 데이터 또는 타당성 때문에 그것을 선택하였는가?

3) 자신이 설계한 공정으로 1L의 커피를 만드는 데 필요한 총 시간에 최저임금을 지불한다고 가정하고 대략적인 인건비 계산하기. 인건비는 소모품(원두, 거름망)비 및 에너지 비용과 비교하면 어떠한가? 배경지식에 정리되어 있는 대략적인 비용 목록을 사용해도 된다.

4) 일상적인 소비를 위해 직접 커피를 로스팅하는 비용−이익 분석하기. 배경지식에 제시된 것과 비슷한 절차와 방법을 따르되, 로스터에 대한 초기 시설 투자와 매주 직접 생두를 구입하는 비용을 더하라. 생두의 대략적인 가격은 스위트 마리아스 같은 웹사이트를 참고하라. 또 추출 장비를 구입하는 비용도 포함시키도록 한다. 로스팅하는 동안 질량손실이 발생한다는 것을 잊지 마라! 다음 세 가지의 시간당 누적비용을 보여 주는 그래프도 준비한다: (i) 매일 근처 카페에서 커피를 구입하는 경우, (ii) 로스팅된 원두를 구입하여 집에서 매일 직접 추출하는 경우, (iii) 생두를 사서 매주 직접 로스팅하고 매일 추출하는 경우. 매일 카페에서 사 먹는 경우와의 손익분기점을 표시하라. 또 생두를 직접 로스팅하는 경우와 로스팅된 원두를 구입하는 경우의 손익분기점도 표시한다. 어느 것이 최선인가?

백여 년 전만 해도 미국 어디에서나 식당에 들어가서 5센트에 커피 한 잔을 주문할 수 있었다. 겨우 동전 하나로 원하는 만큼 무료로 리필을 받을 수 있었고, 설탕과 우유도 마찬가지였다. 이 얼마나 저렴한 가격인가! 1921년에 샌프란시스코의

고급 식당에서 커피는 일반적으로 약 10센트였다.

물론 100년 전 10센트의 실제 가치는 물가상승으로 인한 구매력을 고려하면 훨씬 더 컸다. 2021년 기준 약 1.5달러에 해당하는 가치로, 오늘날 카페에서 제공하는 평균 2~3달러의 일반적인 드립 커피보다 아주 약간 저렴했을 뿐이다. 따라서 경제적인 관점에서 '무엇이 커피 한 잔의 가격을 결정하는가' 자연스럽게 질문하게 된다. 왜 커피 한 잔의 가격에 큰 변화가 없는 걸까?

중요한 것은 손님에게 제공되는 뜨거운 커피 한 잔에 커피 원두 외에 다양한 원가가 포함되어 있다는 사실이다. 커피의 TDS 값이 약 1%라는 것을 기억하라. 이것은 커피의 99%가 물임을 의미한다. 따라서 커피의 실제 원가에는 (적어도 작은 카페를 운영하는 경우) 월세, 공과금, 임금, 우유, 설탕, 컵 등 다른 소모품의 각종 원가가 포함된다. 이 모든 비용은 소비자가 지불하는 가격에 어떤 영향을 미칠까? 시장 상황은 지역마다 차이가 크기에 이것은 어려운 질문이다. 예를 들어 샌프란시스코같이 비싼 지역에서 카페를 운영하는 데 드는 월세와 임금은 교외에 있는 카페와는 아주 다를 것이다. 대표적인 예로 『파이낸셜 타임스』(Financial Times, Bruce-Lockhart and Terazano, June 3, 2019)에 보고된 최신 자료를 살펴보자. 다음 페이지의 원 그래프는 2.99달러에 판매되는 커피 한 잔과 관련된 평균 비용을 보여 준다. 가게 비용(월세와 공과금)이 커피 한 잔의 거의 40%, 임금은 25%를 차지한다는 것을 확인할 수 있다. 원두는 고작 4%, 즉 12.5센트에 불과

하다. 12.5센트 중 약 10센트(여기에는 로스터가 지출한 비용과 수익이 포함됨)는 로스터에게 나머지는 수출업자, 물류비 그리고 가공업자(생두를 적시고 건조함)에게 간다. 소비자가 지불한 소매가격 2.99달러 중 겨우 1.3센트만 커피를 재배한 농부에게 가는 것이다.

이러한 불균형을 인식한 많은 소비자와 카페들은 농부에게 더 나은 가격을 제공하기 위해 '공정거래' 커피를 구입하고 있다. 많은 스페셜티 카페에서 농부에게 더 합리적인 가격 구조를 제공하고자 특정 농부와 '직거래'를 하고 있다. 사실 커피 한 잔의 소매 원가 대부분이 커피 자체에 대한 것은 아니다. 하지만 이 작은 이익의 차이가 개발도상국의 농부에게는 큰 변화이다. 커피 한 잔을 마시러 갈 때는 이것을 염두에 두자!

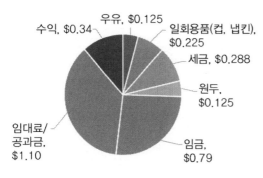

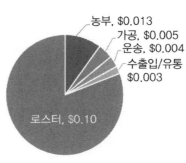

The Design of Coffee
: An Engineering Approach

실험 14 – 디자인 콘테스트와 블라인드 테이스팅

◼ 목표

우승하여 명성과 영광 그리고 보너스 점수를 획득하자!

◼ 장비

☐ 추출기   ☐ 소비전력측정기   ☐ 1L 보온병   ☐ 징(선택사항!)

◼ 활동

☐ Part A – 45분 내에 커피 925g을 추출하고 에너지 점수표 채우기

☐ Part B – 최종 추출물의 TDS를 측정하고, 보온병과 점수표 제출하기

☐ Part C – 블라인드 테이스팅하기

◼ 보고서

☐ 최종 설계에 대한 영상 기록

콘테스트 활동 요약

디자인 콘테스트는 두 파트로 나뉜다. 먼저 45분 내에 거의 1L(정확히는 925g)의 커피를 추출하고 에너지표를 작성해야 한다. 또 최종 TDS도 측정해야 한다. 그런 다음 모두가 블라인드 테이스팅에 참가하여 우승팀을 가린다!

Part A – 커피 1L 추출하기

실험실에 도착하자마자 평소처럼 손을 닦고 실험대를 정리하고 배치한 다음, 로스팅된 원두를 꺼낸다. **만일 전기 주전자가 손을 댈 수 있을 정도로 차갑지 않다면, 주전자를 비우고 찬물로 헹구어 식힌다.** 그 외에 질량을 재거나 분쇄하거나 물을 가열하는 등 어떤 것도 **해선 안 된다!** 진행자는 우선 콘테스트의 대략적인 지침과 규칙을 설명한 다음, 징을 울려 절차를 진행할 지원자를 모집하라. 징이 울리자마자, 각 조

에는 45분의 시간이 주어진다! 각 조는 1L를 담을 수 있는 보온병을 받을 것인데, 넘치거나 쏟지 않도록 925g만 추출하라(목표량을 다르게 정해도 된다. 난수 생성기나 주사위를 사용하여 목표량을 정하고 징을 울리기 직전에 공표하는 것도 재미있을 것이다!).

징이 울리면, 소비전력측정기를 0으로 맞춘다. 모든 장비는 **반드시** 측정기에 연결되어 있어야 하며, 추출이 완료될 때까지 영점을 누르는 일이 없도록 한다. 추출하는 동안 계속 에너지 사용량을 측정하여 에너지 점수표를 완성하라. 만약 여분의 원두가 있다면, 시험 분쇄를 하여 분쇄도가 콘테스트에서 원하는 크기인지 확인하고 잔여 분쇄물을 제거하는 것이 좋다. 또 추출한 커피를 담기 전에 보온병을 철저하게 세척하는 것도 좋은 생각이다. 만일 따뜻한 물로 세척하는 경우(왜 그렇게 하는가?) 반드시 에너지 사용량에 포함시켜야 한다!

에너지 점수표(예시)

조 이름: _____ 조원들 이름: _____

로스팅한 원두 한 가지만 사용하는 경우, '로스팅 A'만 작성하고 '로스팅 B'에는 0을 기입한다. 세 가지 이상 로스팅하여 사용하는 경우, 데이터를 추가하고 로스팅의 총 에너지를 적절하게 계산한다.

로스팅 A: _____	로스팅 B: _____
생두의 질량: _____ g	생두의 질량: _____ g
로스팅한 원두의 질량: _____ g	로스팅한 원두의 질량: _____ g
로스팅에 사용한 총 에너지: _____kW−hr	로스팅에 사용한 총 에너지: _____ kW−hr
로스팅한 원두의 질량당 에너지:	로스팅한 원두의 질량당 에너지:
_____ ÷ _____ = _____ kW−hr/g	_____ ÷ _____ = _____ kW−hr/g
사용한 원두의 총 질량: _____ g	사용한 원두의 총 질량: _____ g
g당 에너지 × 사용한 원두의 총 질량:	g당 에너지 × 사용한 원두의 총 질량:
_____ × _____ = _____ kW−hr	_____ × _____ = _____ kW−hr

추출에 실제로 사용된 원두의 로스팅 에너지(로스팅 A+로스팅 B)

_____ + _____ = _____ kW−hr

가열한 물의 총 질량: _____ g (시작할 때 주전자가 식어 있고 비어 있어야 한다.)

처음 물의 온도: _____ ℃   최종 물의 온도: _____ ℃

물을 가열하는 데 사용된 에너지: _____ kW−hr

(1L를 만드는 것이 아니기에 이 실험에서는 에너지 페널티를 걱정할 필요 없다.)

추출 방법(들): _____

추출한 커피의 질량: _____ − _____ = _____ g (가득 찬 병 − 빈 병)

추출한 커피의 질량이 925g(0.925L) 이상이면, 에너지 페널티는 0이다. 에너지 페널티 계산은 아래와 같다.

부족한 질량: __925__ − _____ = _____ g

에너지 페널티: __N/A__ g × __0.005__ kW−hr/g = __N/A__ kW−hr

커피 생산에 사용된 총 에너지(로스팅 에너지 + 물 에너지 + 페널티):

_____ + _____ + __0__ = _____ kW−hr

출품한 커피의 TDS 결과

출품한 커피에 사용된 모든 분쇄 커피의 총 질량: _____ g

보온병에 든 커피의 질량: _____ g

TDS: _____ %   PE: _____ × _____ ÷ _____ = _____ %

Part B – TDS를 측정하고 보온병과 에너지표 제출하기

커피 1L를 추출한 후, 재빨리 시료를 채취하여 최종 커피의 TDS와 PE 값을 구하라 (TDS를 측정하기 전에 시료를 실온으로 식혀야 한다). 만약 다양한 추출 유형들을 섞었다면 PE 값이 각각 다르겠지만, 이 측정을 통해서는 최종적인 값만 알 수 있다.

마치자마자 가득 채운 보온병과 에너지표를 진행자에게 가져간다. 모든 병이 제출되면, 각 병에 진행자만 알도록 임의로 문자를 배정한다.

Part C – 블라인드 테이스팅

각각의 병을 알아보지 못하게 임의로 섞었으면, 이제 맛을 볼 시간이다. 45분 동안 각 병에 든 커피의 맛을 볼 것이다. 모두가 커피의 맛을 보고, 조원들이 함께 각각의 맛과 향에 대한 점수를 정하라(즉 12병이면 12개의 점수를 제출해야 한다). 실험 1을 참고하여 각각의 특성이 어떻게 정의되는지 기억하라. 가능하다면, 크롭스터 컵Cropster cup 앱을 이용해 맛 점수를 기록할 것을 추천한다. 이것은 빠르게 표를 만들어 콘테스트 통계를 낼 수 있다.

시음할 때마다 약 30mL만 분배한다(에스프레소 반 잔). 이것은 맛보기에 충분한 양이다. 사실 한두 모금이면 충분하다. 남은 커피는 버린다. '미각 피로'를 방지하기 위해 커피를 맛보기 전에 물을 조금씩 마실 것을 추천한다. 미각을 정리할 수 있게 담백한 크래커를 제공하는 것도 좋다.

항상 수치가 높은 것이 좋은 것은 아니다. 예를 들어 산미의 경우 너무 시어서 맛이 좋지 않은 커피에는 높은 점수를 주지 않는다. 그런 것은 낮은 점수를 받게 된다. 마찬가지로 산미가 전혀 없어 밋밋한 커피 또한 낮은 점수를 받게 된다. 산미가 압도적이지 않고 기분 좋은 '밝음'을 준다면 높은 산미 점수를 부여한다. 조별로 맛보기가 끝나면, 곧바로 조교에게 점수표를 제출하라. 조교가 모든 점수를 합산하는 동안, 실험대를 정리하고 추가로 사진이나 영상을 찍도록 한다. 징이 울리면, 승자가 발표될 것이다. 운이 좋아서 훌륭하게 공학적 설계를 했다면, 1등이 될 수도 있을 것이다!

디자인 콘테스트 맛 평가표

조 이름: _____ 조원들 이름: _____

균형감을 제외한 모든 항목에 1~10점까지 부여할 수 있다(1=최악, 10=우수). 균형감은 −10점(불쾌함)에서 +5점(우수)까지 부여할 수 있다.

병	A
향	
산미	
풍미	
바디감	
뒷맛	
균형감	
합계	

병	B
향	
산미	
풍미	
바디감	
뒷맛	
균형감	
합계	

병	C
향	
산미	
풍미	
바디감	
뒷맛	
균형감	
합계	

병	D
향	
산미	
풍미	
바디감	
뒷맛	
균형감	
합계	

병	E
향	
산미	
풍미	
바디감	
뒷맛	
균형감	
합계	

병	F
향	
산미	
풍미	
바디감	
뒷맛	
균형감	
합계	

병	G
향	
산미	
풍미	
바디감	
뒷맛	
균형감	
합계	

병	H
향	
산미	
풍미	
바디감	
뒷맛	
균형감	
합계	

병	I
향	
산미	
풍미	
바디감	
뒷맛	
균형감	
합계	

병	J
향	
산미	
풍미	
바디감	
뒷맛	
균형감	
합계	

병	K
향	
산미	
풍미	
바디감	
뒷맛	
균형감	
합계	

병	L
향	
산미	
풍미	
바디감	
뒷맛	
균형감	
합계	

실험 보고서: 최종 설계 영상

실험 14에서는 보통의 실험 보고서는 필요 없다. 대신 193~194페이지에 자세히 설명한 대로 각 조는 최종 설계를 설명하는 영상을 제출해야 한다. 다음 항목들을 참고하라.

설계 영상 체크리스트(참고사항)

■ **영상의 내용**
□ 조 이름, 조원들 이름, 학번 등
□ 다른 사람이 따라 할 수 있을 만큼 자세한 공정 흐름도
□ 물의 흐름을 포함한 물과 커피 고형물의 질량수지
□ 원두의 종류와 로스팅 정도
□ 각 단계의 에너지 사용량과 에너지를 최소화하는 논리
□ 최종 설계 추출물(또는 출품 커피) 중 하나의 TDS와 PE
□ 추출한 커피의 감각평가와 블라인드 테이스팅 점수
□ (실험 13을 했다면) 집에서 매일 똑같이 하는 경우의 비용-이익 분석
□ 이후 콘테스트가 열린다면 개선하고 싶은 내용

■ **영상의 구성**
□ 충분한 음성 설명이나 영상을 설명하는 자막이 들어가야 한다.
□ 모든 이미지와 계산 과정이 충분히 이해할 수 있을 정도로 노출되어야 한다.
□ 전체 시간은 5분이 넘지 않도록 한다.
□ 유튜브 링크로 제출한다(공개 또는 비공개).

마지막으로 영상을 제출했으면, 금방 내린 신선한 커피 한 잔과 함께 편히 앉아 이번 수업에서 배운 모든 공학적 그리고 과학적 개념들을 돌아볼 것을 권한다. 이제 어떻게 공학자처럼 생각하는지 그리고 근사한 커피를 만드는 방법은 무엇인지 잘 이해하게 되었기를 바란다.

부록

The Design of Coffee
: An Engineering Approach

부록 A - 스프레드시트 분석과 과학적 데이터 표기하기

직업과 상관없이 결과 혹은 데이터의 분석과 소통은 대단히 중요한 기술이다. 저명한 작가라도, 금융 정보 중 하나인 인세, 저작권료를 이해할 수 있어야 한다. 이 책의 실험 보고서는 일반적인 스프레드시트 소프트웨어(예, 구글 시트, 마이크로소프트 엑셀)를 사용하여 과학적 데이터를 분석하고 도표를 그리거나 만드는 능력을 집중적으로 발전시키는 것을 목표로 한다. 이 기술은 다른 종류의 데이터에도 적용 가능하다(만약 온도 vs. 시간의 도표를 그릴 수 있다면 저작권료 수익 vs. 시간의 관계를 보여 주는 표도 만들 수 있다). 이번 단원에서는 필수적인 데이터 분석과 다른 사람이 쉽게 이해할 수 있게 도표를 그리는 법을 정리하려 한다.

　여기서는 다음 세 가지에 초점을 맞출 것이다: 데이터 기록, 데이터 표로 만들기/그리기 그리고 데이터의 선형 회귀Linear regression 또는 '최적합'.

데이터 기록의 좋은 예

종종 Lab Manual 데이터를 기록할 것이다. 그런데 데이터를 분석하려면 그 값들을 스프레드시트에 입력할 필요가 있다. 다음의 두 스프레드시트를 살펴보라. 둘은 완전히 똑같은 데이터이지만, 명확성과 가독성의 차이가 크다. 구체적으로 왼쪽은 '나쁜 예(하지 말아야 할 것!)'이고 오른쪽은 '좋은 예'이다. 시각적으로 다르게 보일 수도 있지만, 명확함을 위해 데이터를 기록하고 분석하기 좋은 예는 다음과 같다.

부록

/

249

1) **단위.** 가장 중요한 규칙: 스프레드시트에 숫자를 입력할 때, 다른 사람들이 그것의 단위가 무엇인지 확인할 수 있도록 분명히 표시해야 한다(g과 kg은 엄청난 차이가 있다). 항상 첫 번째 칸(또는 어딘가에)에 분명하게 단위를 표시하라.

2) **항목.** 단위와 함께 그것에 대한 설명(예, '시간')이 필요하다.

3) **메타데이터**Metadata. 스프레드시트 상단에 데이터의 종류, 언제 어디서 누가 수행했는지 등의 정보를 표기하는 것은 아주 좋은 예이다. 워크북과 전체 워크시트에도 설명을 붙여라. '나의 데이터'라는 이름은 아무 의미도 없지만, '커피_pH_시도_3'은 아주 구체적이다.

나쁜 예

18.0	고움	
	1	2
0.5	4.8000	4.5000
2.0	4.1080	3.7113
4.0	3.8298	3.1460
6.0	3.5421	2.6575
8.0	2.8952	1.8771
10.0	2.9921	1.8926

좋은 예

카페인 실험, 시도 1-2		
2024년 1월 17일		오후 2:30
실험자: 최규환, 임경민		
추출비		18
입자 크기		고움
	시도 1	시도 2
	25℃	90℃
시간	카페인 농도	
[분]	[g/L]	[g/L]
0.5	4.8	4.5
2	4.1	3.7
4	3.8	3.1
6	3.5	2.7
8	2.9	1.9
10	3.0	1.9

4) **중요한 자릿수.** 엑셀에 엄청나게 긴 수를 입력하는 것은 어려운 일이 아니다. 그러나 7~8자리가 넘지 않게 하고 앞의 주요 세 자리만 표시하라. 계산한 수도 측정한 수와 자릿수가 동일해야 한다.

5) **수식.** 계산에 사용한 모든 상수가 적절한 단위와 함께 분명하게 표시되어 있어

야 한다. 그리고 계산은 해당 상수를 포함하는 셀이 적용되어 있어야 한다(엑셀에서는 $를 앞에 붙여 수식에서 참조하는 셀을 고정할 수 있다).

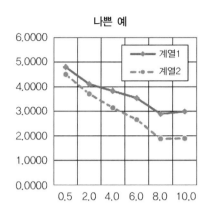
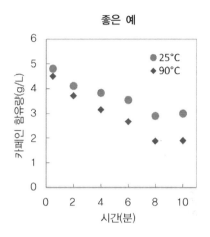

데이터 표기의 좋은 예

위의 두 그래프를 살펴보라: 정보는 동일하지만, 한쪽이 더 명확하다. 그래프를 그릴 때는 전통적으로 항상 'x'와 'y' 축으로 표시한다. 따라서 '질량'과 '시간'의 도표는 수직축이 질량, 수평축이 시간이다. 그리고 다음 내용이 포함되어 있어야 바람직하다.

1) **축 이름 붙이기.** 최악의 실수는 가로축과 세로축의 이름을 적지 않는 것이다. 다른 사람이 볼 때 그것이 무엇을 나타내는지 어떻게 알겠는가?

2) **단위.** 축 이름에 단위도 포함되어 있어야 한다(가능하다면 적절한 색인도 추가할 것).

3) **색인.** 만약 도표에 다수의 실험 또는 조건이 포함된다면, 색인을 사용하여 구분하라. 반드시 각각의 곡선에 그 내용을 말해 주는 라벨을 붙여야 한다. '1번'은 아무 의미가 없다!

4) **표시 vs. 선.** 일반적으로 각각의 실험 측정값을 따로따로 표시한다. (그것이 엑셀의 기본값으로 설정되어 있더라도) 선으로 연결하지 마라. 실선은 오직 최적 추세선이나 모델링에만 사용한다.

5) **가시성.** 데이터에 선명하고 밝은 색상을 사용하라. 흰색 위에 노란색은 잘 보이지 않는다.

6) **심미성**. 회색 바탕이나 수평/수직의 격자선은 보기에 좋지 않다. 격자선을 제거하고 심플한 흰색 바탕을 사용할 것을 권장한다. 중요한 것은 데이터지 바탕이 아니다.

데이터의 '최적합' 그리는 과정

데이터의 기울기, 곧 '나의 데이터는 어떤 변수의 변화에 얼마나 빠르게 반응할까?' 궁금해지는 경우가 있다. 예를 들어 실험 4에서 pH와 시간의 기울기를 구했다. 데이터를 가장 적합한 선으로 계산하는(선형 회귀라고도 하는) 여러 가지 방법이 있다. 먼저 데이터를 기본적인 분포도로 도식한다. 차트를 클릭한 다음, '차트 요소 추가'를 선택하라. 옵션에 '추세선'이 있다. 적용할 데이터들을 선택하면, 최적선Best fit line이 그래프 위에 표시될 것이다. 선을 클릭하고 '추세선 양식'을 선택한 후 '차트에 수식 표시'를 클릭하면, y= mx + b라는 수식이 차트 위에 나타날 것이다. 기울기의 값은 m이다. 만약 엑셀 함수 이용에 익숙하다면, 추세선 대신 'slope' 함수를 이용해 스프레드시트에서 바로 구할 수 있다(그러면 그래프가 어수선해지지 않는다).

부록 B – 커피 추출의 일반적인 지침

커피 추출이 익숙하지 않은 사람들을 위해 아래에 '커피의 기초'와 '일반적인 추출 원칙'을 약식으로 간단하게 정리해 두었다. '커피의 기초'에는 로스팅이 잘 된 원두와 물로 최고의 결과물을 얻는 것과 관련된 전반적인 정보가 포함되어 있다. '일반적인 추출 원칙'은 일반적인 미각과 맛 선호도에 기초하였다. 실험을 하면서 각자가 선호하는 맛을 찾았다면, 다음 원칙들을 기억하며 신속하게 그 맛을 최적화할 수 있다.

커피의 기초

- **갓 로스팅된 원두를 사용하라:** 좋은 커피를 만들려면 신선한 원두를 사용해야 한다. 커피는 로스팅하고 2~3일 후가 가장 좋고, 잘 보관하면 최대 2주까지 괜찮다. 로스팅한 커피는 밀봉된 커피봉투에 보관해야 한다. 주의: 로스팅하고 최소 하루 이틀은 추출하지 않도록 한다. 로스팅 후에도 향미 프로필에 대단히 중요한 화학반응은 지속된다.
- **추출 직전에 분쇄하라:** 분쇄하면서 갇혀 있던 휘발성 요소들이 방출된다. 신선한 원두에서 좋은 향이 나는 것은 좋은 향 분자들을 빠르게 잃고 있다는 의미이다. 따라서 분쇄한 커피는 즉시 사용해야 한다. 분쇄한 커피는 분쇄 후 몇 시간만 지나도 향이 다 빠져나간다. 곱게 분쇄할수록 향은 더 빨리 사라진다. 예를 들어 고운 에스프레소 분쇄도는 몇 분 만에 향이 사라지게 된다.

- **좋은 물을 사용하라:** 추출된 커피의 거의 99%는 물이다. 컵 속에 든 커피 물질은 전체의 1%도 안 된다. 따라서 좋은 물로 시작하는 것이 대단히 중요하다.
- **알맞은 '추출비'와 적절한 분쇄도를 사용하라:** 물과 분쇄 커피의 알맞은 비율과 분쇄도는 추출 방법에 따라 달라진다. 이것은 나쁜 풍미가 과다추출되지 않도록 하고 좋은 풍미의 추출은 최적화하려는 것이다.

일반적인 추출 원칙

- **분쇄 커피 대 물의 비율:** 자동 추출이나 푸어오버 방법의 커피 대 물의 추출비는 일반적으로 분쇄 커피 1g당 물 15~20g을 권장한다.
- **물의 온도:** 권장하는 온도는 90~95℃이다.
- **분쇄도:** 입자 크기가 작으면 균일한 추출 결과를 내는 데 도움이 된다. 또 분쇄는 추출 방법에 맞게 최적화되어야 한다. 예를 들어 에스프레소는 상당히 고운 분쇄도를 사용하지만, 프렌치 프레스는 거친 입자를 사용한다.
- **추출 시간:** 일반적으로 대부분의 추출 방법에 2~6분이 소요된다(에스프레소는 약 30초). 분쇄 커피 질량의 18~22%를 추출하여 약 1.15~1.35%의 용존 고형물 총량TDS을 얻는 것이 목표이다(이 부분은 실험 6과 11을 살펴보라).

The Design of Coffee
: An Engineering Approach

부록 C - 커피의 단위 및 변환

상온에서 물의 질량과 부피 변환

물 1mL = 1g

1L = 1,000mL = 1,000g = 1kg

1컵 = 237g

1컵 = 8oz

1oz = 29.6g

4.25컵의 물 = 1,000g = 1L

온도

섭씨(℃)에서 화씨(℉)로 변환(= 섭씨 온도 × 9/5 + 32)

화씨(℉)에서 섭씨(℃)로 변환(= (화씨 온도−32) × 5/9)

℃	0	10	20	30	40	50	60	70	80	90	100	110	120
℉	32	50	68	86	104	122	140	158	176	194	212	230	248

℃	130	140	150	160	170	180	190	200	210	220	230	240	250
℉	266	284	302	320	338	356	374	392	410	248	446	464	482

추출비 표

	14	15	16	17	18	19	20
5	70	75	80	85	90	95	100
10	140	150	160	170	180	190	200
15	210	225	240	255	270	285	300
20	280	300	320	340	360	380	400
25	350	375	400	425	450	475	500
30	420	450	480	510	540	570	600
35	490	525	560	595	630	665	700
40	560	600	640	680	720	760	800
45	630	675	720	765	810	855	900
50	700	750	800	850	900	950	1000

분쇄 커피의 질량(g)

사용한 물의 질량(g)

용어집

가스 방출	고체 또는 액체상태에서 공기 중으로 기체 분자가 빠져나오는 현상.
감가상각	경제 용어로, 어떤 것의 가치가 시간이 지남에 따라 낮아지는 것(예, 새 차는 가치가 빠르게 감가상각된다).
감각평가	사람의 감각으로 제품의 특성을 판단하기 위해 행하는 실험 설계와 통계적 분석의 원리를 적용한 과학적 분석 과정.
강배전	커피의 로스팅 정도를 말하는 것으로, 검은색에 가까운 매우 짙은 갈색의 원두와 기름진 표면이 특징이다. 보통 로스팅 중 두 번째 쪼개짐에 도달했을 때이다.
거름	고체 입자를 그보다 작은 구멍으로 물리적으로 차단하고 액체는 통과할 수 있게 한 공정.
거름망	액체에서 고체를 분리해내는 물체. 일반적으로 종이 또는 금속으로 만든다.
거품	액체 속에서 만들어진 작은 기체 방울의 집합.
건조 공정	커피 체리의 수확 후 공정 중 하나로, 커피 체리에서 씨앗을 제거하기 전 완전히 말리는 것. 간혹 '자연'처리로 언급된다.
결함	부정적이거나 '동떨어진' 풍미에 기여하는 감각적 특성으로 맛과 품질의 매력을 떨어뜨린다.
경도	물속 마그네슘과 칼슘 이온의 총량. mL당 mg으로 측정한다(mg/mL).
경제적 실현성	제안된 행동으로 얻는 경제적 이득이 경제적 비용보다 큰 바람직한 상황.
공정 흐름도	공정과 장치의 일반적인 흐름을 설명하기 위해 화학공학자와 공정공학자가 주로 사용하는 도표. 보통 주요하지 않은 세부정보는 그리지 않는다.
공학	자연 세계의 과학적 이해를 기반으로 발명, 설계, 구축과 기계작동 또는 공정을 사용해 문제를 해결하거나 생산적인 목표를 달성하는 학문.
과다추출	아주 높은 추출 수율과 관련된 커피의 특성. 과한 쓴맛이 특징이다.
과소추출	매우 낮은 추출 수율과 관련된 커피의 특성. 종종 과한 신맛이나 풋내가 난다.
굴절계	액체를 통과하는 빛이 얼마나 빠르게 움직이는지 측정하는 기구('굴절률'). 커피의 용존 고형물 총량(TDS)에 비례한다.
균형감	커피의 전반적인 인상을 반영하는 감각적 특성. 특정 속성이 두드러지지 않고 모든 속성이 잘 어우러진 것.
기압	압력의 단위. 해수면에서의 대기압과 같다. 1atm = 14.7psi
날 분쇄기	얇은 금속 날이 회전하며 원두를 깨뜨리는 저렴한 원두 분쇄기. 사용 중 흔들거나 충격을 가함으로 분쇄도의 균일도를 증가시킬 수 있다.
냉각 순환	커피 로스팅 후 원두의 온도를 내리고 로스팅 기계를 식히는 시간.
농도 구배	위치에 따른 농도의 차이. 특정 거리에서 고농도에서 저농도까지의 농도 차이.
농도	단위 부피당 분자의 수를 나타내는 값. 일반적으로 L당 몰수 또는 L당 g으로 측정한다.
뉴턴	힘의 단위. 1N = 1kg·m/s^{2}과 동일하다. 82페이지 식 (1)을 보라.

다공성 매질	서로 연결된 조그맣고 미세한 구멍으로 구성된 물질. 유체 또는 기체를 통과시킬 수 있다.
다르시의 법칙	다공성 매질을 통과하는 유속에 대한 식으로 가해진 압력 차이의 항으로 표현된다. 137페이지 식 (1)을 보라.
단열	열 손실 또는 전기적 흐름을 막기 위해 어떤 것을 덮어씌운 것.
단위조작	화학적 또는 물리적 변화가 일어나는 공정의 한 단계.
당도	설탕의 인지에 기여하는 감각적 속성. 일반적으로 블랙커피에 매우 필요하다.
대량화	어떤 공정의 크기, 양 또는 속도를 증가시키는 과정. 제품의 다른 성질은 변하지 않는 것이 이상적이다.
두 번째 크랙	원두를 로스팅하는 과정 중 '터지는 소리'나 깨지는 소리가 발생하는 두 번째 시점. 일반적으로 강배전 근처에서 일어난다. 매우 짙은 로스팅은 두 번째 크랙이 시작될 때 또는 완전히 종료된 후이다.
뒷맛	커피를 삼키고 난 후 입의 뒤쪽 또는 입안에 남아 있는 물질에서 기인하는 것으로 지속적인 풍미에 기여하는 감각적 특성.
드립 추출기	추출기의 한 종류로, 분쇄 커피 위에 뜨거운 물을 천천히 떨어뜨려 필터를 거친 후 유리병에 모이게 하는 것.
디카페인 커피	(로스팅 전에) 적절하게 카페인을 제거하는 추가적인 공정을 거친 생두로 만든 커피.
로스터	(1) 생두를 로스팅한 원두로 변형시키기 위해 가열하는 기계 (2) 로스팅 기계를 작동하는 사람.
로스팅 개요/프로필	원두를 로스팅하는 데 사용한 과정, 종종 로스터 내부 온도 vs. 시간으로 표현한다.
로스팅	생두에 열을 가하여 중요한 물리 화학적 변화가 일어나게 하는 과정. 이 과정으로 로스팅한 원두를 얻게 된다.
로스팅한 원두	물리 화학적 변화를 일으키기 위해 고온으로 가열시킨 원두.
물질 흐름	단위조작 안으로 또는 밖으로 향하는 어떠한 물질(액체, 고체 또는 기체)의 움직임.
물질전달	분자들이 한 상에서 다른 상(예, 고체에서 액체)으로 이동하는 과정.
물질전달계수	물질전달(예, 플럭스)의 속도와 시스템의 전체 농도 차이에 관련된 계수.
미스터 커피	드립 커피 추출기의 특정 제품명. 물 가열기가 내장되어 있다.
미크론/마이크론	1m의 백만분의 일과 동일한 길이의 단위(mm의 천분의 일). 마이크로미터로도 알려져 있다. 종종 μm로 쓴다(1μm = 0.001mm = 10^{-6}mm).
밀도	물질이 부피당 얼마만큼의 질량을 가지는지에 대한 측정값. 종종 mL당 g(g/mL), 즉 동량인 cm^3당 g(g/cm^3)으로 측정된다.
바디감/묵직함/질감	커피 액체에서 느껴지는 촉감 또는 질감에 영향을 미치는 감각적 특성. 액체의 점도와 밀접하게 연관되어 있다.
발열반응	열에너지를 내뿜는 화학반응.
발효	효모 또는 박테리아를 이용해 설탕을 다른 화학물질로 바꾸는 생물학적 공정. 건조 전에 커피 씨앗 외부의 점액을 제거할 필요가 있다.
배전도	원두가 얼마나 검게 로스팅되었는지에 대한 측정값(다시 말해 약, 중 또는 강배전).
백만분율/ppm	농도의 측정값. 112페이지를 보라.
버 분쇄기	원두 분쇄기의 일종, 두 개의 평평한 고리와 톱니 사이의 거리를 조절하여 입자 크기가 보다 균일하다.
베이킹소다	중탄산나트륨(탄산수소나트륨)의 상용명. 제빵에서 종종 사용한다.
부피 유량	유체의 부피가 특정 단위조작을 얼마나 빨리 지나가는지에 대한 측정값. 초당 mL로 측정한다.
분쇄 커피	로스팅한 원두를 간 것으로, 작은 갈색 입자이다.
분쇄기	추출 전 커피 원두를 작은 입자로 부술 때 사용하는 기계

분쇄도	분쇄 커피의 평균 입자 크기. 작은 가루는 '곱다'로, 중간 크기 가루는 '보통', 매우 큰 가루는 '거칠다'라고 표현한다.
브라운 운동	콜로이드 입자에서 나타나는 무작위의 움직임. 현미경으로 관측할 수 있다.
비열용량	물질의 물리적 특성으로, 1g의 물질을 1℃ 올리기 위해 필요한 에너지의 총량으로 정의된다.
비용−이익 분석	각 대안의 강점과 약점을 평가하는 체계적 접근법. 저축을 보존하는 동안 이익을 달성하기 위해 최선의 방법을 결정하는 데 사용한다.
산미	커피의 신맛에 기여하는 감각적 특성. 향긋할 때에는 '화사함, 화창함', 불쾌할 때는 '신맛', 없을 때에는 '무딤' 또는 '밋밋함'으로 표현한다.
생두	커피 열매의 씨앗. 수확 후 열매와 겉껍질을 제거하는 공정은 거쳤지만 로스팅하기 전의 것. 일반적으로 수분함량을 약 12%까지 건조시켜 원래 씨앗의 50% 정도로 질량이 줄어든다.
설비 투자	공정 또는 운영 시작에 필요한 장비 또는 초기 용품을 구입하기 위해 필요한 돈.
센티스토크	운동 점도의 단위. 동적 점도와 유체의 밀도의 비율로 정의된다. 1초당 mm^2와 동일하다(mm^2/s). 종종 cSt로 줄여서 표기한다. 20℃의 물은 약 1cSt의 운동 점도를 가진다.
센티포이즈	동적 점도의 단위. $0.01kg\ m^{-1}s^{-1}$와 동일하다. cP로 줄여서 표기한다. 20℃의 물은 약 1cP의 점도를 가진다.
소듐, 나트륨	수질의 관점에서 물속 나트륨(소듐) 이온(Na^+)의 농도.
손익분기점	비용−이익 분석방법에서 어떤 활동의 누적비용이 다른 활동의 누적비용과 같아지는 시점.
수분 함량	물질 속 물의 양. 일반적으로 물질의 전체 질량당 물의 비율로 표현한다. 생두의 수분함량은 보통 10~12%이다.
수크로스	분자식이 $C_{12}H_{22}O_{11}$인 설탕의 과학적 이름. 수크로스는 커피 씨앗을 포함한 식물 속 설탕으로 자연적으로 존재한다.
수확 후 공정	신선한 커피 체리를 생두로 변환하는 단계.
스프링 밸브	누를 때만 유체가 흐르는 기계적 장치. 일반적으로 추출기에 있으며 커피 음료를 추출(뽑아내기)하기 전에 유리병이 있는지 확인하는 용도이다.
시트르산	$C_6H_8O_7$의 화학식을 가지는 화합물의 상용명. 일반적으로 감귤류(시트러스류) 과일에서 볼 수 있는 향이 없는 약한 산성 물질이다.
식염/식용 소금	염화나트륨(소듐, NaCl)의 상용명. 주방과 식당에서 찾아볼 수 있는 보통의 소금.
아로마/향, 향기	커피 시료의 향에 기여하는 감각적 특성.
알칼리도	산성을 중화시킬 수 있는 수용액의 능력을 나타내는 값. 물속 탄산염, 중탄산염 그리고 수산화물의 총 농도로 표현된다. 일반적으로 L당 동량의 탄산칼슘의 mg으로 나타낸다.
압력	어떤 물체에 가한 단위 면적당 힘. 해수면에서 대기 중 공기의 질량에 의한 압력은 14.7psi=1atm이다.
압력구배	공간에서의 압력 차이. 특정 거리 동안 고압에서 저압의 차이.
약배전	옅은 갈색과 표면에 기름기가 없는 것이 특징인 커피의 로스팅 강도. 일반적으로 첫 번째 깨짐 부근에서 로스팅을 종료한다.
에너지	일(이동 거리 동안 가한 힘)의 양을 표현하는 정량적 성질.
에너지 보존	닫힌계 안에서 에너지는 생성되거나 사라질 수 없다는 원리. 어떤 것에서 다른 것으로 형태만 변할 뿐이다.
에멀전/유화	두 개 혹은 그 이상의 섞이지 않는 액체의 혼합물. 예를 들어 마요네즈 또는 잘 흔든 기름과 식초(샐러드드레싱).

에스프레소 머신	에스프레소를 만들기 위해 고압 수증기를 생성하는 보일러가 포함되어 있는 전문적 추출 기구.
에스프레소	곱게 간 원두에 끓기 직전의 물을 적은 양 통과시켜 만든 농축된 커피 음료.
에어로프레스	원통형의 완전 침수 추출기의 특정 브랜드명. 손으로 압력을 조절할 수 있는 누르개가 포함되어 있다. 커다란 주사기와 비슷하지만 필터가 있다.
엡솜 염	황산마그네슘($MgSO_4$)의 상용명. 종종 욕실 염으로 사용되고 약국에서 구입할 수 있다. 안전을 위해 물에 희석해 사용해야 한다.
역공학	무슨 기능을 하는지 알아보기 위해 기구를 분해해 보는 과정.
열	에너지의 한 종류로, 개별 분자의 움직임과 관련이 있다. 일반적으로 줄(J) 또는 kW−hr로 측정한다.
열용량	물질의 물리적 특성으로, 물질의 온도를 1°C 올리기 위해 필요한 에너지의 총량으로 정의된다. '비열용량'을 참고하라.
와트	일률, 전력의 단위. 초당 1줄과 동일하다(1W=1J/s).
완전 침수 추출기	추출기의 일종으로 분쇄 커피에 모든 물을 한 번에 붓고 추출하여 거르는 방식.
용존 고형물 총량	액체상에 존재하는 모든 용존 물질을 합친 것의 측정값. 일반적으로 질량 백분율로 표현된다(액체의 전체 질량당 용존 물질의 질량). 추출한 커피는 일반적으로 1~2%의 TDS를 가진다. 예를 들어 2% TDS = 2g/100g×100%이다.
운영비	공정을 수행하는 데 필요한 진행 비용, 임금, 소모품 그리고 유지보수 비용 같은 것.
유기 화합물	탄소를 포함하고 있는 분자.
유체 역학	물리학의 한 갈래로 유체의 특성과 움직임에 대해 다룬다.
유화된 기름	물에 분산되어 있는 작은 기름방울들. 일반적으로 마이크로 크기이다.
이산화탄소	기체 CO_2의 이름으로 동물이 내뱉으며, 로스팅 도중 커피 원두 내부에서 발생한다.
인플레이션	돈의 가치가 하락하며 가격이 인상되는 것.
일률	에너지 사용의 속도. 일반적으로 초당 줄로 측정한다('와트'로도 알려져 있다).
장기수선충당금	교체가 필요한 장비에 사용 예정인 자금 현황.
저울	물체의 질량을 측정하는 기구. 일반적으로 g으로 측정한다.
전기 온도계	온도를 측정하는 전자제품. 온도에 비례하여 전압이 떨어지는 다른 금속 재질로 만들어진 두 개의 선이 연결된 측정부로 구성되어 있다.
전단응력	(일반적으로 액체의) 표면에 평행하게 가해지는 단위면적당 작용하는 힘. 반대로 압력은 표면에 수직으로 작용하는 단위 면적당 힘이다.
점도	흐름에 저항하는 유체의 측정값. 종종 동적 점도는 센티포이즈(cP)로 운동 점도는 센티스토크(cSt)로 측정한다. 예를 들어 물은 꿀보다 점도가 낮다.
점도계	유체의 점도를 측정하기 위해 설계된 기구.
접종/발아	생물학적 공정으로 씨앗이 식물로 성장(발달)하는 것.
젖음 공정	커피 수확 후 공정의 한 갈래로, 수확 후 빠른 시간 내에 커피 열매를 벗겨 씨앗을 얻고, 씨앗을 발효시키고 이어서 다량의 물로 씻어 남아 있는 열매 점액을 제거하는 것. 종종 '세척' 공정이라고 일컫는다.
제어 도표	제어 변수가 결과에 어떤 영향을 미치는지 그림으로 표시한 도표. '커피 추출 제어 도표'를 보라.
제어 변수	공정의 관점에서 원하는 결과를 위해 변경 가능하거나 '제어'할 수 있는 것.
제어 부피	단위 공정(조작) 주변 가상의 상자 또는 단위 공정들의 모임. 해당 부피에 들어오고 나가는 물질 흐름의 질량 또는 에너지 수지를 계산하기 위해 사용한다.
줄	에너지의 단위, 1kg · m²/s²와 동일한 값이다. 종종 J로 줄여 쓴다.

중배전	짙은 갈색과 표면이 약간 기름진 것이 특징인 커피의 로스팅 정도. 일반적으로 로스팅 중 첫 번째와 두 번째 쪼개짐 사이이다.
증류수	물을 가열하여 얻은 수증기를 다시 액화하여 다른 용기에 담은 것. 이 과정에서 염과 불순물은 남게 되어 두 번째 용기에 있는 물은 매우 순수하다.
질량 유속	질량이 얼마나 빨리 특정 단위조작을 통과하는지의 측정값. 초당 g으로 측정한다.
질량보존	닫힌계 안에서 질량이 생성되거나 사라질 수 없다는 원리.
질량수지	물리적 계를 분석하기 위한 질량보존의 응용 방법. 단위(개별)조작 또는 공정의 제어 부피를 통과하는 투입과 배출의 질량을 고려한다.
징	원형의 금속판을 망치로 쳤을 때 깊게 울리는 소리가 나는 것.
채프	로스팅하는 동안 박리되는 연약하고 종이 같은 생두의 껍질. 일반적으로 폐기물로 간주되지만, 항산화제가 포함되어 있으며 식용 가능하다.
첫 쪼개짐/첫 크랙	원두를 로스팅하는 과정 중 들을 수 있는 '터지는 소리'나 깨지는 소리가 발생하는 첫 시점. 주로 가열하는 동안 물의 증기 팽창으로 인해 기체 압력이 증가하기 때문에 발생한다.
체크 밸브	한 방향으로만 유체가 흐르게 하는 기계적 장치.
추출 시간	완전 침수 추출기에서 커피를 처음 추출하기 시작할 때부터 필터를 모두 통과하는 데 걸리는 시간.
추출1	분쇄 커피에 물을 부어 녹는 물질로 음료를 만들어내는 활동.
추출2	물질전달의 한 종류로 분자가 고체 또는 액체상에서 다른 상으로 이동하는 것. 커피 추출은 기술적으로 '침출(Leaching)'이고, 고체상(분쇄 커피)에서 액체상(물)으로 분자를 용해시키는 추출의 종류이다.
추출기	추출을 수행하는 기구. 물과 분쇄한 원두를 혼합하여 커피 음료를 만들어낸다.
추출비	처음 추출기에 넣은 분쇄 커피의 단위 질량당 추출기에 넣은 물의 질량 비율. 43페이지 식 (1)을 보라.
추출 비율/추출 백분율	액체상으로 이동한 원래 분쇄 커피 속 고형분의 백분율. '수율' 또는 '추출 수율'로 알려져 있다.
추출 시간	커피 고체가 액체로 추출되는 동안 걸린 총 시간.
카라페	제공할 커피를 담고 있는 용기. 일반적으로 유리 또는 진공 단열 스테인레스강으로 만들어진다.
카페인	커피 원두에 고농도로 존재하는 $C_8H_{10}N_4O_2$의 화학식을 가지는 화합물의 상용명. 정신을 활성화시키는 작용을 한다. 52페이지와 206페이지를 보라.
칼슘 시트레이트	$Ca_3(C_6H_5O_7)$의 화학식을 가지는 화합물의 상용명. 식품 보존제로 널리 사용하며 식품에서 칼슘을 섭취할 수 있는 좋은 공급원이다.
캐논-펜스케 점도계	유리 모세관의 특정 종류로, 액체가 빠지는 데 필요한 시간이 보정되어 있고 이는 동적 점도와 정비례한다.
커피 원두	커피 열매의 씨앗 수확 후 공정, 로스팅, 분쇄 그리고 추출을 하여 커피 음료를 만든다.
커피 찌꺼기	커피 추출 후 남은 축축한 분쇄 커피. 일반적으로 폐기물 흐름으로 간주되고 썩는 것으로 버려진다.
커피 추출 제어 도표	용존 고형물 총량(TDS), 추출 수율(PE) 그리고 추출한 커피의 감각적 특성에 대한 설명 위에 추출비를 도표로 나타낸 것. 두 개의 변수를 특정함으로(예, TDS와 추출비) 나머지 변수(PE)가 정해진다. 101페이지, 196페이지를 보라.
커피	문맥에 따라 '커피'는 식물, 열매, 생두, 원두 또는 음료를 의미한다.
커핑	커피업계에서 사용하는 용어로, 오직 뜨거운 물과 분쇄 커피만을 이용해 커피를 맛보는 전통적인 방법. 보통 숟가락으로 후루룩 소리가 나게 마신다.
콜로이드 입자	유체 상에 분산되어 있는 작은 고형 입자. 일반적으로 1~10,000나노미터의 크기이다(0.001~10미크론).

크레마	에스프레소 샷 위에 짧은 시간 동안 존재하는 얇은 거품층.
클레버 커피	완전 침수 추출기의 특정 브랜드. 깔대기같이 생겼으며 용수철 밸브가 바닥에 있어 추출 시간을 정밀하게 조절할 수 있다.
킬어와트 측정기	소비전력측정기의 특정 제품명. 누적 에너지 사용량을 kW-hr로 측정할 뿐만 아니라, 실시간 전압을 V(볼트), 주파수를 Hz(헤르츠) 그리고 전력을 W(와트) 로 측정해 주는 장치.
킬로와트	1,000W를 나타내는 전력의 단위(1kW =1,000W)로, 초당 1,000J과 동일하다 (1kW =1000J/s).
킬로와트시	에너지의 단위. 전력 1킬로와트로 정확히 한 시간 동안 사용한 에너지의 양이다. 3.6×10^6J과 동일하다. 줄여서 kW-hr로 쓴다.
탬핑	에스프레소를 만드는 과정 중 포터 필터 안에 분쇄 커피를 압축하기 위해 원통형 금속 물체를 이용해 누르는 행위.
투과도	다공성 물질이 유체를 통과시키는 정도를 나타내는 측정값. 다공성 물질 속 큰 구멍이나 틈은 높은 투과도를 나타낸다. 작은 구멍과 틈은 낮은 투과도를 만든다.
폐기 흐름	단위조작에서 빠져나오는 원치 않는 물질로 구성된 물질 흐름(예, 사용한 분쇄 커피 또는 채프).
포터 필터	에스프레소 머신의 '머리 뭉치'에 삽입되는 손잡이가 있는 금속 거름 바구니. 분쇄 커피를 채우고 기계에 넣기 전 평평하게 (탬핑)한다.
퓨즈	전류의 과잉 공급으로 전체 회로를 보호하기 위해 전류가 너무 높으면 끊어지도록 설계한 전기회로의 요소. 열 퓨즈는 특정 온도에서 융해되고 '개회로'로 만들어 전기의 흐름을 멈춘다.
프렌치 프레스	완전 침수 추출법의 특정한 방법으로, 일반적으로 금속 거름망이 부착된 원통형 누르개가 달려 있다. 분쇄 커피는 바닥으로 눌러 분리한다.
플럭스	물질전달에서 분자의 속도에 대한 것으로, 단위시간 동안 얼마만큼의 분자가 특정 면적을 지나가는지를 나타내는 용어이다.
플레이버 휠	커피의 다양한 향을 바퀴 모양으로 표현한 표. 커피의 향을 특정하는 데 도움을 준다. 방사형으로 뻗어 나가며, 일반적인 향부터 정확한 묘사로 표현이 변해 나간다.
향긋함	커피 냄새와 향에 기여하는 감각적 속성으로, 입으로 맛보기 전에 느껴지는 첫 향을 의미한다.
향미	음식 또는 액체에서 유래하는 맛과 향의 감각적 특성. 커피 향미에서 종종 다른 감각적 기준과 비교되며 묘사된다(플레이버 휠을 보라).
화학공학	물질을 더 유용한 형태로 변환시키는 공정을 설계하고 분석하는 데 집중한 공학의 한 갈래.
회분 반응기	반응이 일어날 때 반응기로 반응물이 들어가거나 생성물이 배출되는 연속적인 흐름이 없는 닫힌계 반응기.
휘발성 기체	액체나 고체상에서 기체상으로 빠져나갈 수 있는 물질. 증기 또는 이산화탄소가 있다.
휘발성 유기 화합물	상온에서 높은 증기압을 가지는 탄소 기반 화합물. 높은 증기압은 액체나 고체상에서 기체상으로 증발 또는 승화를 일으킨다. 냄새가 나는 모든 물질은 휘발성이 있지만, 모든 휘발성 화합물이 냄새나는 것은 아니다.
흡수	액체가 다공성 매질 안으로 빨려 들어가는 과정. 예, 물이 스펀지 또는 종이 수건으로 이동하는 과정.
흡수율	추출 중 분쇄 커피가 물을 흡수하는 질량 비율. 분쇄 커피의 질량당 흡수하는 물의 질량. 57페이지 식 (4)를 보라.
흡열반응	열에너지를 흡수하는 화학반응.

흡착	기체 또는 액체상태의 분자가 고체 표면에 물리적으로 결합하는 과정(흡수와 혼동하지 말 것).
하이드로늄 이온	추가적인 수소 원자가 붙어 양전하로 하전된 물 분자, H_3O^+로 적는다. 히드로늄 이온의 농도가 높은 물은 산성이고 낮은 pH를 가진다. 71페이지 식 (1)을 보라.
힘	물체의 움직임을 변화시키는 어떠한 상호 작용. 질량과 가속도의 뉴턴의 법칙과 관련되어 있다. F=ma
mL	부피의 단위. 1L의 천분의 일 및 $1cm^3$와 동일하다($1mL = 1cm^3$).
PE	'추출 비율, 추출백분율'을 보라.
pH 미터	용액 속에 존재하는 하이드로늄 이온의 양을 결정하기 위해 전극의 전압을 측정하는 기구.
pH	산도의 측정값. 특히 물의 하이드로늄 이온의 L당 몰수 농도의 음의 로그값 pH $= - \log_{10}[H_3O^+]$. pH가 낮을수록 산성이다. 71페이지 식 (1)을 보라.
psi	압력의 단위. '제곱 인치당 파운드'. 14.7psi = 1atm
TDS	'용존 고형물 총량'을 보라.
VOC	'휘발성 유기 화합물'을 보라.

더 읽을거리

이 책은 커피에 대해 소개하면서 공학적 관점으로 생각해 보게 한다. 풍성한 커피의 과학에 더 깊이 빠져들고 싶은 독자들에게 다음 자료들을 추천한다. 이 리스트는 철저함과는 거리가 멀다. 탐구를 계속하는 시작점 정도로 생각하라.

일반적인 책 그리고 선집

Coffee Technology, by Michael Sivetz & Norman Desrosier (1979)

커피업계에서 '커피의 바이블'로 간주되는 책이다. 구하기 어려운 고전이지만(아마존에서 이용 가능한 사본이 900달러이다!), 책을 구했다면 화학공학자Sivetz가 집필한 커피 로스터리 운영과 설계에 대한 엄청난 경험과 귀중한 정보를 얻을 수 있다.

Coffee, volumes 1-6, edited by R.J. Clarke and R. Macrae (1987)

커피 과학 전 영역을 아우르며 상세하게 기술한 모음집이다. 1권과 2권은 각각 커피 화학과 커피 기술에 주안점을 뒀으며, 3권과 4권은 커피의 생물학에 그리고 5권과 6권은 관련된 음료들과 커피의 상업적/법적 측면에 집중한다.

Coffee: Recent Developments, edited by R.J. Clarke and O.G. Vitzthum (2001)

클라크와 마크레이가 집필한 『Coffee』의 최신 요약본 (그럼에도 기술적이다).

Espresso Coffee: The Science of Quality, edited by Andrea Illy & Rinantonio Viani (2005)

일리커피는 전 세계 고급 에스프레소를 선도하는 생산자 중 하나이다. 안드레아 일리(설립자 Francesco Illy의 손자)가 공동 편집(집필)한 이 책은 에스프레소 커피에 집중하여 커피 재배학부터 인간 영양학까지 커피 과학의 모든 측면을 아우른다. 필독 도서.

Uncommon Grounds, by Mark Pendergrast (2010)

커피의 사회적, 경제적 측면에 관심 있는 이들을 위한 책으로, 아프리카에서의 커피 발견부터 식민지배 기간, 20세기 대량 소비문화, 현대 카페 문화의 "세 번째 물결"에 이르기까지 커피의 역사를 깊이 있게 살펴본다.

The Craft and Science of Coffee, edited by Britta Folmer (2017)

이 책은 커피에 대해 20장으로 세분화하여 설명하는 것이 특징이다. 커피 농장부터 저장, 로스팅, 분쇄와 커핑 그리고 커피 소비자의 심리학에 이르는 모든 것을 깊이 있게 살펴본다. 커피에 대한 학술적, 선구자적 관점이 포함되어 있다.

The Curious Barista's Guide to Coffee, by Tristan Stephenson (2019)

커피의 역사, 재배, 수확, 로스팅부터 분쇄 및 추출 그리고 다양한 커피 음료의 레시피에 이르기까지 커피에 대해 읽기 쉽게 개관한다.

동료 평가된 과학적 논문

커피 추출 제어 도표 관련

"Effects of brew strength and brew yield on the sensory quality of drip brewed coffee," S.C. Frost, W.D. Ristenpart, & J.−X. Guinard, *Journal of Food Science* 85, 2530 (2020).

"Brew temperature, at fixed brew strength, has little impact on the sensory profile of drip brew coffee," M.E. Batali, W.D. Ristenpart, & J.−X. Guinard, *Scientific Reports* 10, 16450 (2020).

"Consumer preferences for black coffee are spread over a wide range of brew strengths and extraction yields," A.R. Cotter, M.E. Batali, W.D. Ristenpart, & J.−X. Guinard, *Journal of Food Science* 86, 194 (2021).

수확 후 공정 관련

"Following coffee production from cherries to cup: microbiological and metabolomic analysis of wet processing of Coffea arabica," S.J. Zhang, F. De Bruyn, V. Pothakos, J. Torres, C. Falconi, C. Moccand, L. De Vuyst, *Applied & Environmental Microbiology* 85, e02635 (2019).

"Exploring the impacts of postharvest processing on the aroma formation of coffee beans – a review," G.V. de Melo Pereira et al., *Food Chemistry* 272, 441 (2019).

"A comprehensive analysis of operations and mass flows in postharvest processing of washed coffee," N.M. Rotta, S. Curry, J. Han, R. Reconco, E. Spang, W.D. Ristenpart, & I.R. Donis–Gonzalez, *Resources, Conservations, & Recycling* 170, 105554 (2021).

커피 화학 관련

"Correlation between cup quality and chemical attributes of Brazilian coffee," A. Farah, M.C. Monteiro, V. Calado, A.S. Franca, & L.C. Trugo, *Food Chemistry* 98, 373 (2006)

"Sensory and monosaccharide analysis of drip brew coffee fractions versus brewing time," M. E. Batali, S.C. Frost, C.B. Lebrilla, W.D. Ristenpart, & J.–X. Guinard, *Journal of the Science of Food & Agriculture* 100, 2953 (2020).

"Acids in coffee: A review of sensory measurements and meta–analysis of chemical composition," S.E. Yeager, M.E. Batali, J.–X. Guinard, & W.D. Ristenpart, *Critical Reviews in Food Science & Nutrition*, in press (2021).

커피 추출과 에스프레소 관련

"Using single free sorting and multivariate exploratory methods to design a new Coffee Taster's Flavor Wheel," M. Spencer, E. Sage, M. Velez, & J.–X. Guinard, *Journal of Food Science*

81, S2997, (2016).

"Effect of basket geometry on the sensory quality and consumer acceptance of drip brewed coffee," S.C. Frost, W.D. Ristenpart, & J.-X. Guinard, *Journal of Food Science* 84, 2297 (2019).

"Coffee extraction: A review of parameters and their influence on the physicochemical characteristics and flavour of coffee brews," N. Cordoba, M. Fernandez-Alduenda, F.L. Moreno, & Y. Ruiz, *Trends in Food Science & Technology* 96, 45 (2020).

"Systematically improving espresso: Insights from mathematical modeling and experiment," M.I. Cameron et al., *Matter* 2, 631 (2020).

"An equilibrium desorption model for the strength and extraction yield of full immersion brewed coffee," J. Liang, K.C. Chan, & W.D. Ristenpart, *Scientific Reports* 11, 6904 (2021).

커피 로스팅 관련

"Coffee roasting and aroma formation: Application of different time-temperature conditions," J. Baggenstoss, L. Poisson, R. kaegi, R. Perren, & F. Escher, *Journal of Agricultural and Food Chemistry* 56, 5836 (2008)

"Evidence of different flavour formation dynamics by roasting coffee from different origins: on-line analysis with PTR-ToF-MS," A.N. Gloess et al., *International Journal of Mass Spectrometry* 365, 324 (2014).

"A heat and mass transfer study of coffee bean roasting," N.T. Fadai, J. Melrose, C.P. Please, A. Schulman, & R.A. Van Gorder, *International Journal of Heat & Mass Transfer* 104, 787 (2017).

The Design of Coffee

커피의 디자인
한 잔의 공학

초판 발행 | 2024년 10월 28일

지은이 | 윌리엄 리스텐파트 & 토냐 쿨
옮긴이 | 최규환, 임경민
펴낸이 | 김성배
펴낸곳 | 도서출판 씨아이알

책임편집 | 김선경
디자인 | 윤지환, 엄해정
제작 | 김문갑

출판등록 | 제2-3285호(2001년 3월 19일)
주소 | (04626) 서울특별시 중구 필동로8길 43(예장동 1-151)
전화 | 02-2275-8603(대표)
팩스 | 02-2265-9394
홈페이지 | www.circom.co.kr

ISBN 979-11-6856-268-4 (93570)